2 10までの か

大きさ比べ，数の順，数の分解

なまえ

1 おおい ほうに ○を つけましょう。 1つ5［20てん］

①
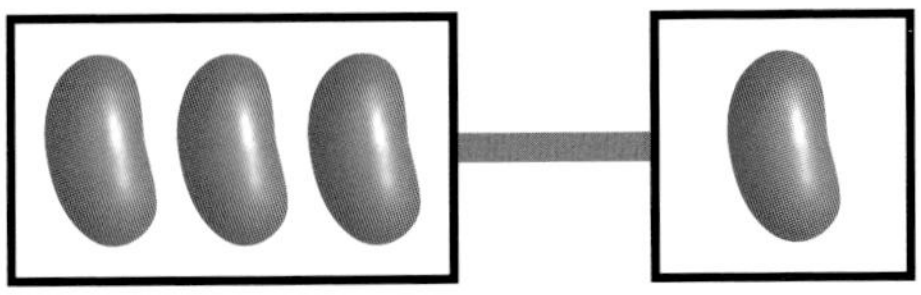

②
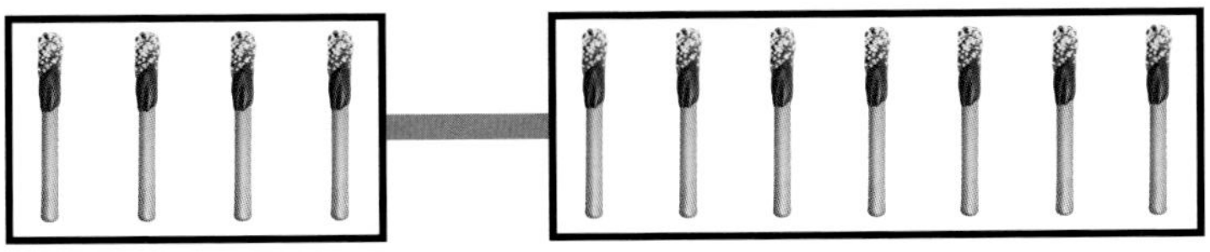

③
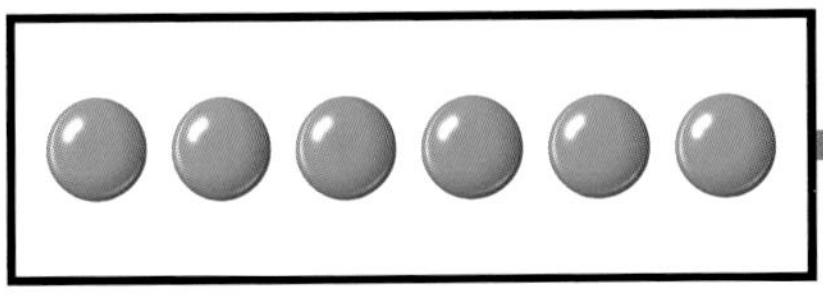
4

④ 8 — 10

いくつ
あるかな。
かぞえて
みよう！

2 かあどを ちいさい じゅんに ならべましょう。

1つ5［20てん］

5	9	2	6

2 → □ → □ → □

2が
いちばん
ちいさくて，
つぎは…。

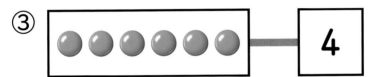

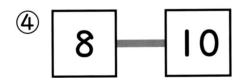

2 10までの かず

3 □に あう かずを かきましょう。 1つ10 [20てん]

① 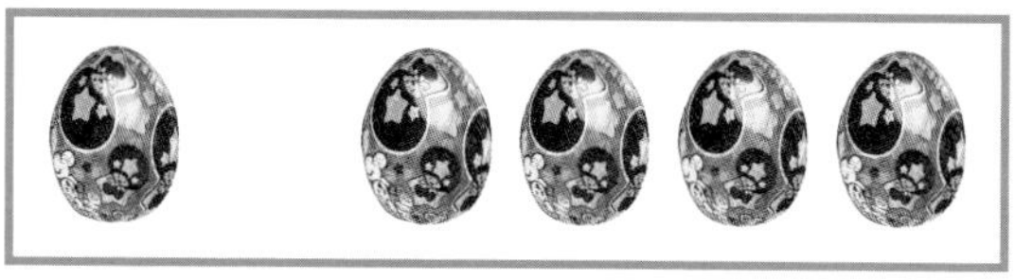

5は 1と □

② 

8は 5と □

4 □に あう かずを かきましょう。 1つ10 [40てん]

① 6 → 3 と 3

② 7 → □ と 2

③ 9 → □ と 8

④ 10 → 4 と □

こたえ 57ページ

がつ にち

てん

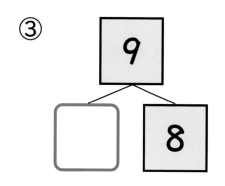

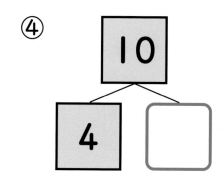

できた シート

うちゅうの たびへ レッツゴー！

1まい おわったら ゴールに むかって ーーーー の うえに シールを はって いこう！

おかしなドリル もくじ

小学1年 けいさん

		ページ
	できたシート	1
1	なかまづくりと かず	3・4
2	10までの かず	5・6
	チョコっとまめちしき	7・8
3	あわせて いくつ	9・10
4	ふえると いくつ	11・12
5	たしざんの れんしゅう	13・14
6	のこりは いくつ	15・16
7	ちがいは いくつ	17・18
8	ひきざんの れんしゅう	19・20
9	0の けいさん	21・22
	チョコっとひとやすみ	23・24
10	10より おおきい かず ①	25・26
11	10より おおきい かず ②	27・28
12	10より おおきい かずの けいさん	29・30
13	3つの かずの けいさん ①	31・32
14	3つの かずの けいさん ②	33・34
	チョコっとひとやすみ	35・36
15	たしざん ①	37・38
16	たしざん ②	39・40
17	ひきざん ①	41・42
18	ひきざん ②	43・44
	チョコっとまめちしき	45・46
19	おおきい かず ①	47・48
20	おおきい かず ②	49・50
21	おおきい かずの けいさん	51・52
22	1ねんせいの まとめ	53・54
	こたえと てびき	55～78
	チョコっとひとやすみ	79・80
	すごろくボード	

本誌に記載がある商品は2023年３月時点での商品であり，デザインが変更になったり，販売が終了したりしている場合があります。

1 なかまづくりと かず

1から10までの数を数える

なまえ

1 えと おなじ かずだけ ◯に いろを ぬり，
かずを すうじで かきましょう。　1つ5［50てん］

①  ◯◯◯◯◯ （ 1 ）

②  ◯◯◯◯◯ （　　）

③  ◯◯◯◯◯ （　　）

④  ◯◯◯◯◯ （　　）

⑤ 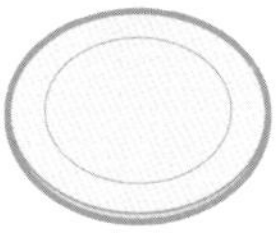 ◯◯◯◯◯ （　　）

1 なかまづくりと かず

2 えと おなじ かずだけ ◯に いろを ぬり，かずを すうじで かきましょう。

1つ5［50てん］

①

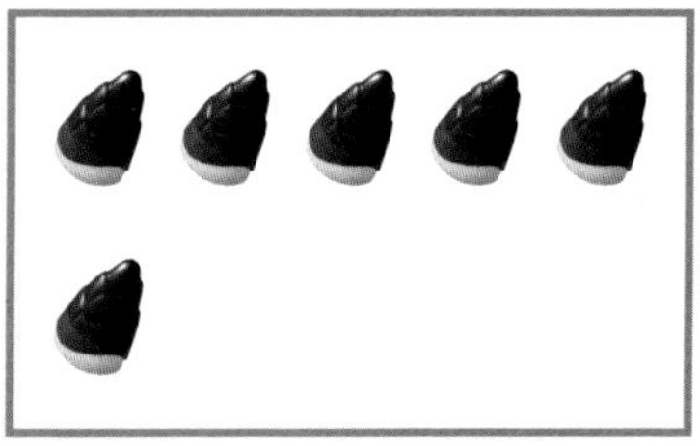

（ 6 ）

②

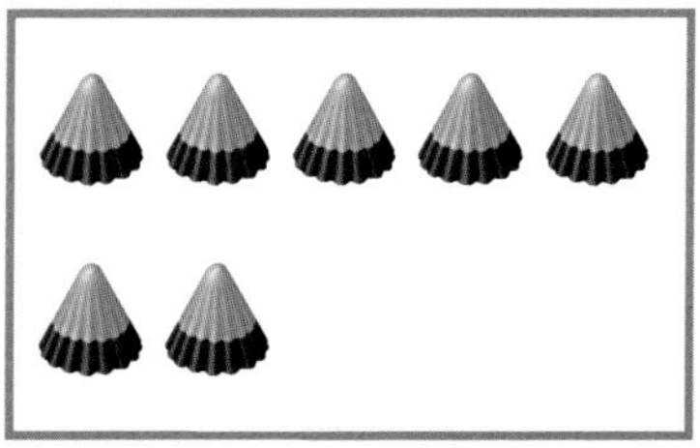

（　　）

③

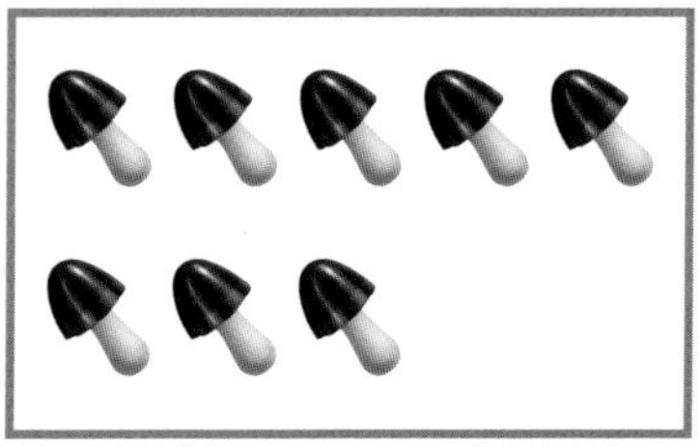

（　　）

④

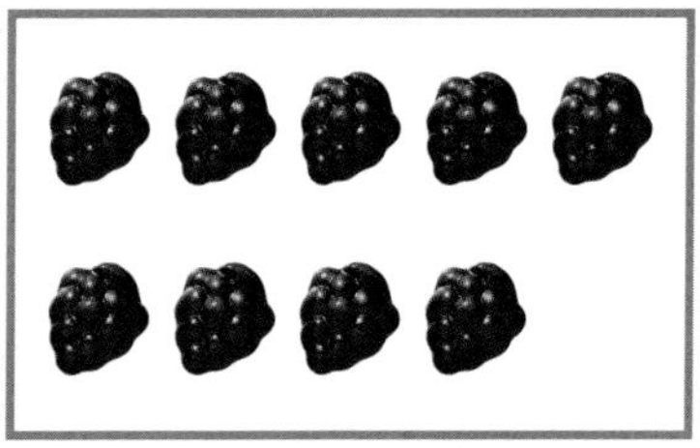

（　　）

⑤

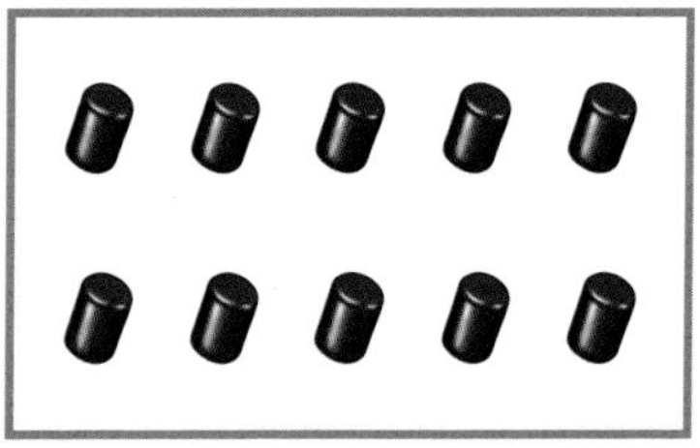

（　　）

こたえ 56ページ

がつ　にち　てん

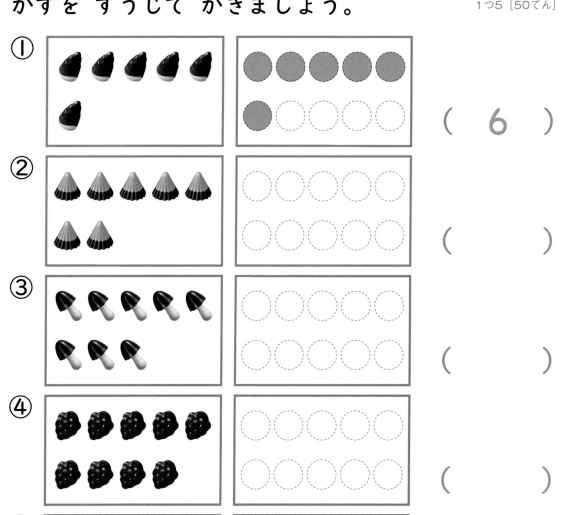

チョコっと まめちしき

アポロの ひみつ

○アポロちゃんと なかまたち○

アポロちゃん

いちごママ

チョコレート
パパ

ブルーベリー
くん

チョコチョコ
ママ

ブルーベリー
パパ

○アポロの かたち○

アポロの かたちは，
「アポロうちゅうせん」と いう
うちゅうせんの かたちから
かんがえられました。
アポロ11ごうは，はじめて
つきに ちゃくりくした うちゅうせんです。

○アポロの なまえ○

「アポロ」と いう おかしの なまえは，
「アポロン」と いう かみさまの なまえから
つけられました。アポロンは たいようの
かみさまです。

チョコレートの
かたちが
すこし にて いるね。

○アポロと きのこのやま○

アポロを つくる きかいで
ほかの かたちが つくれないか
くふうして できたのが
きのこのやまです。
きのこのやまを つくるのには
5ねんくらい かかりました。

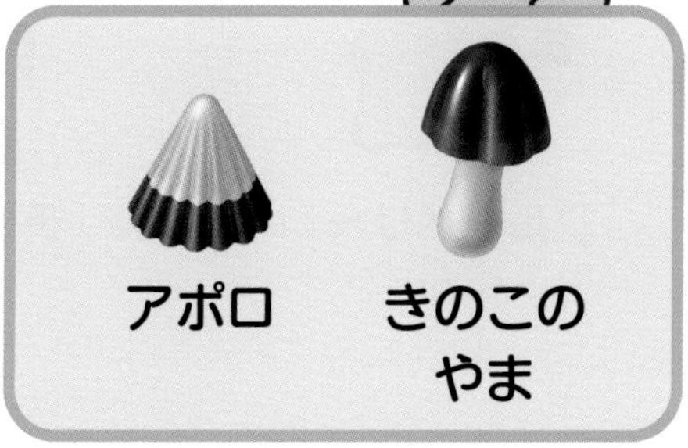
アポロ
きのこの
やま

やってみよう！ 「アポロうらない」

アポロを くちの なかで ころがして，
チョコと いちごチョコを きれいに
はがせるかな？
うまく いったら きょうは きっと
いい ことが あるよ。

はがせる
かな？

3 あわせて いくつ

合わせた数を求めるたし算

なまえ

1 あわせて いくつでしょう。

1つ10［20てん］

①

2と 1を あわせると，□に なります。

②

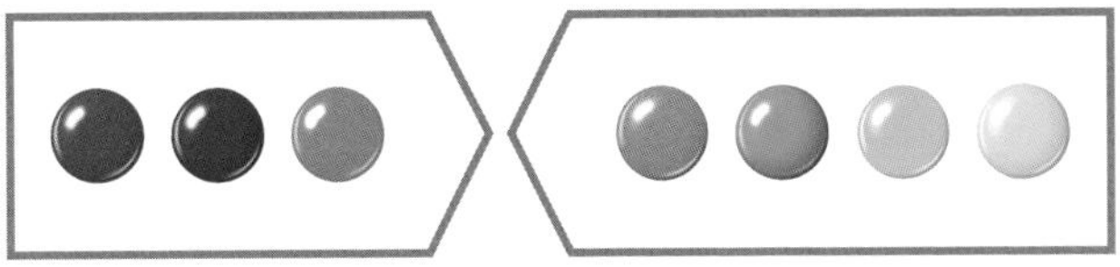

3と 4を あわせると，□に なります。

2 あわせて なんぼんでしょう。

1つ10［20てん］

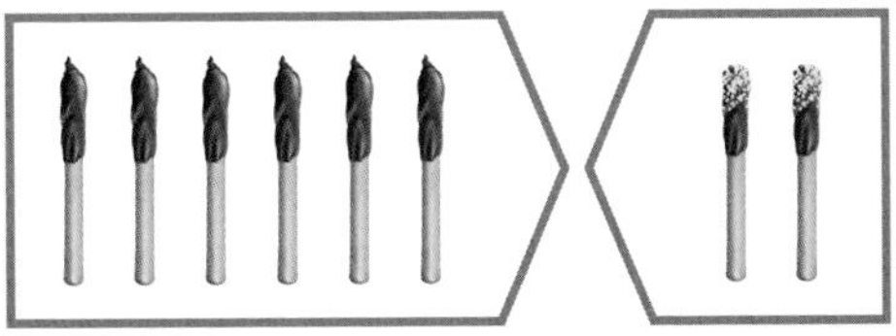

しきを
なぞろう！

しき（ 6 ＋ 2 ＝ 8 ）

ろく たす に は はち と よむよ。
こえに だして いってみよう。

こたえ（　　　）ほん

3 あわせて いくつ

3　あわせて　なんこでしょう。

1つ10［60てん］

①

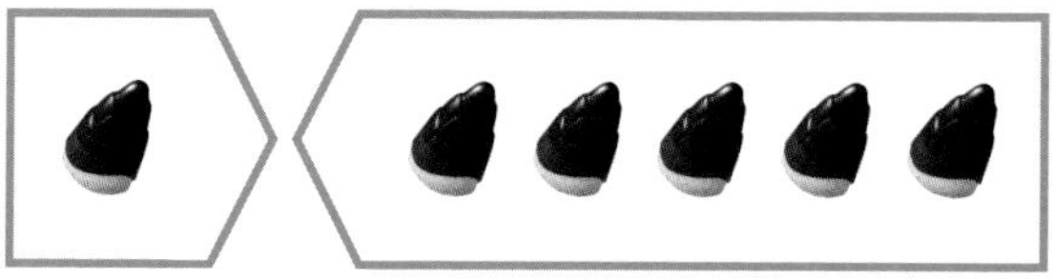

しき（　　　　　　　　　　　　　）

こたえ（　　　　）こ

②

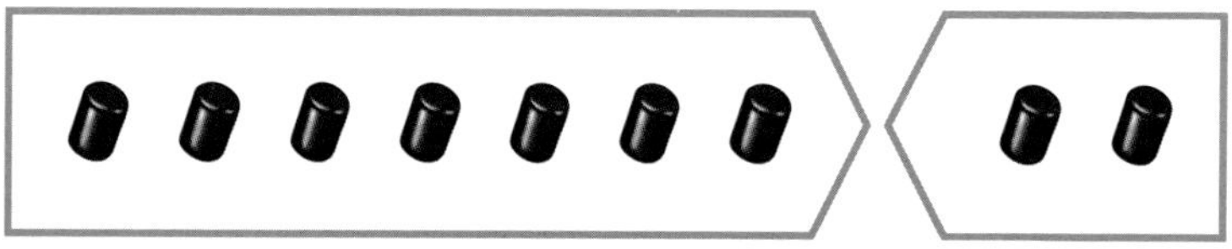

しき（　　　　　　　　　　　　　）

こたえ（　　　　）こ

③

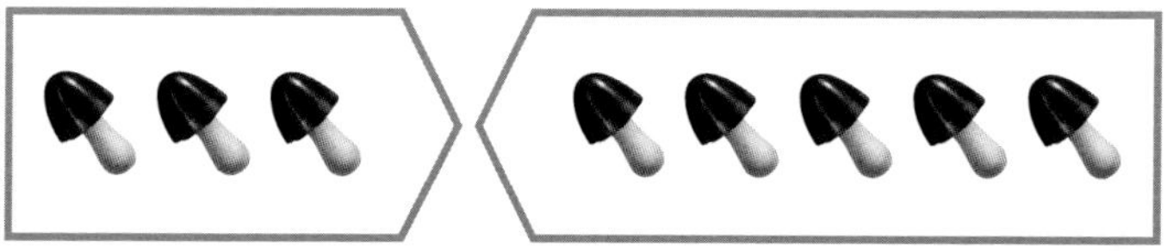

しき（　　　　　　　　　　　　　）

こたえ（　　　　）こ

こたえ 58ページ

がつ　　にち　　てん

4 ふえると いくつ

増えた後の数を求めるたし算

なまえ

1 ふえると いくつでしょう。 1つ10［20てん］

①

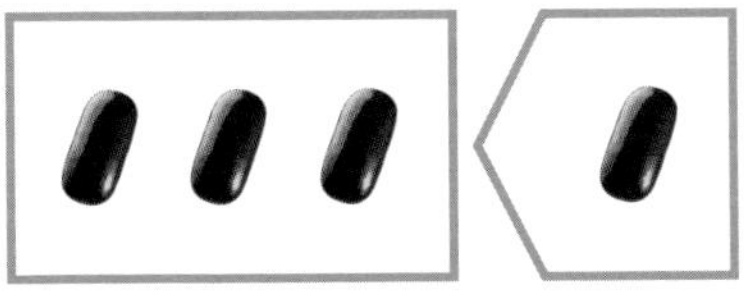

3から 1 ふえると, ☐ に なります。

②

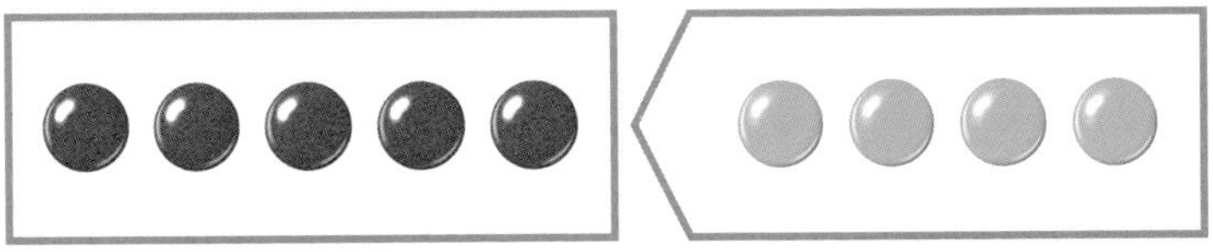

5から 4 ふえると, ☐ に なります。

2 ふえると なんこでしょう。 1つ10［20てん］

しき（ 4 ＋ 2 ＝ 6 ）

こたえ（　　　）こ

4 ふえると いくつ

3 ふえると なんこでしょう。

1つ10［60てん］

①

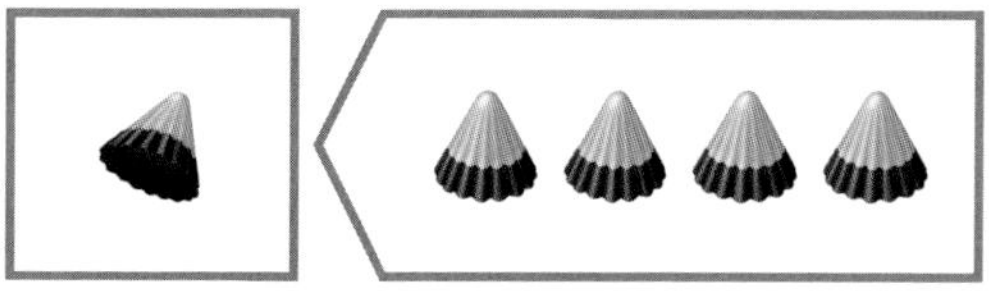

しき（　　　　　　　　　　　　）

こたえ（　　　　）こ

②

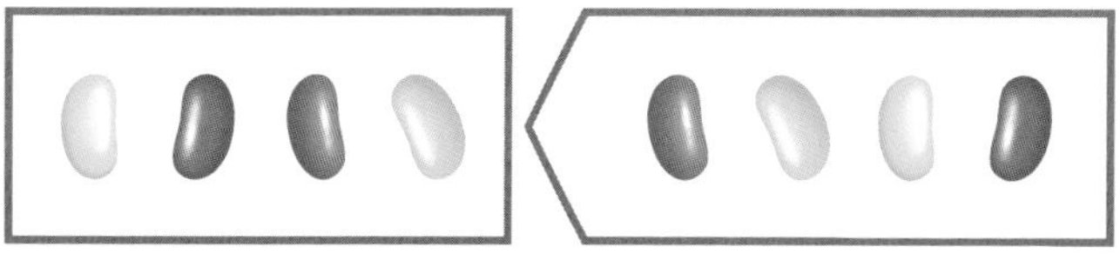

しき（　　　　　　　　　　　　）

こたえ（　　　　）こ

③

しき（　　　　　　　　　　　　）

こたえ（　　　　）こ

こたえ 59ページ

がつ　　　にち　　　てん

5 たしざんの　れんしゅう

たし算の計算練習

なまえ

1　たしざんを　しましょう。

1つ10［50てん］

① 1 ＋ 6 ＝ □

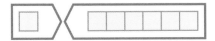

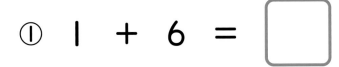

② 2 ＋ 4 ＝ □

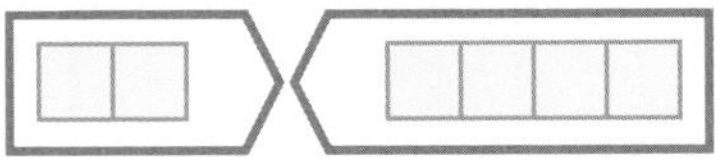

③ 5 ＋ 3 ＝ □

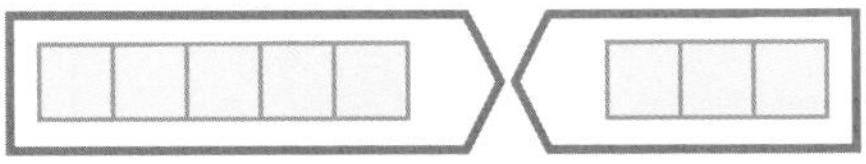

④ 1 ＋ 8 ＝ □

⑤ 9 ＋ 1 ＝ □

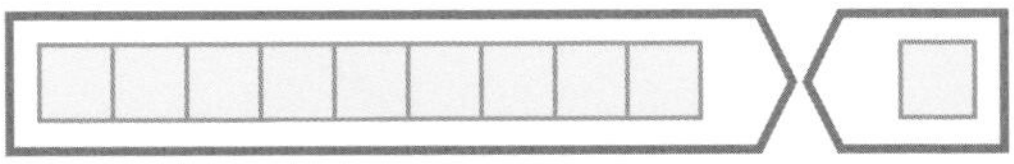

5 たしざんの れんしゅう

2 たしざんを しましょう。 1つ5［50てん］

① 2 ＋ 6 ＝ □

② 3 ＋ 1 ＝ □

③ 5 ＋ 2 ＝ □

④ 3 ＋ 4 ＝ □

⑤ 6 ＋ 3 ＝ □

⑥ 4 ＋ 1 ＝ □

⑦ 7 ＋ 1 ＝ □

⑧ 2 ＋ 7 ＝ □

⑨ 5 ＋ 5 ＝ □

⑩ 8 ＋ 2 ＝ □

●を かいて，
かずを かぞえても
いいね。

こたえ 60ページ

がつ　にち　てん

6 のこりは いくつ

減った後の数を求めるひき算

なまえ

1 のこりは いくつでしょう。

1つ10［20てん］

①

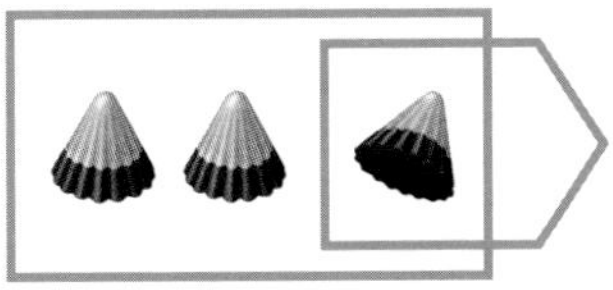

のこった
かずを
かぞえよう！

3から 1を とると，□に なります。

②

6から 2を とると，□に なります。

2 のこりは なんこでしょう。

1つ10［20てん］

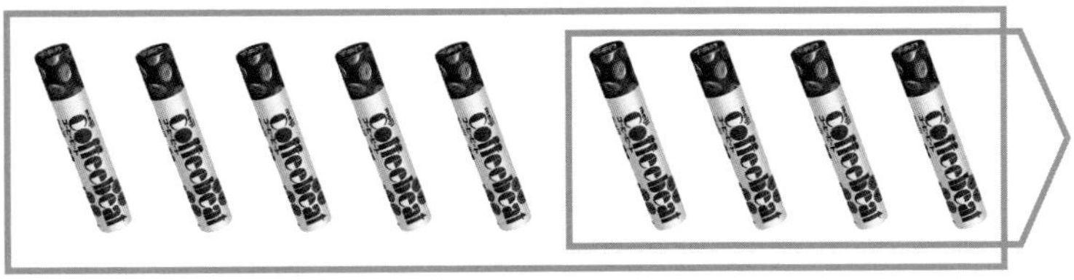

しき（ 9 − 4 ＝ 5 ）

きゅう ひく よん は ご と よむよ。
こえに だして いってみよう。

こたえ（　　　）こ

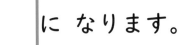

6 のこりは いくつ

3 のこりは なんこでしょう。 1つ10［40てん］

ひきざんの
ときは
「ー」を
つかうよ。

① 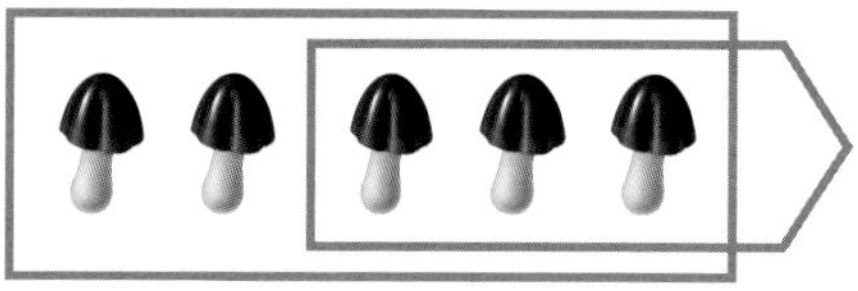

しき（　　　　　　　　　　　　）

こたえ（　　　　）こ

② 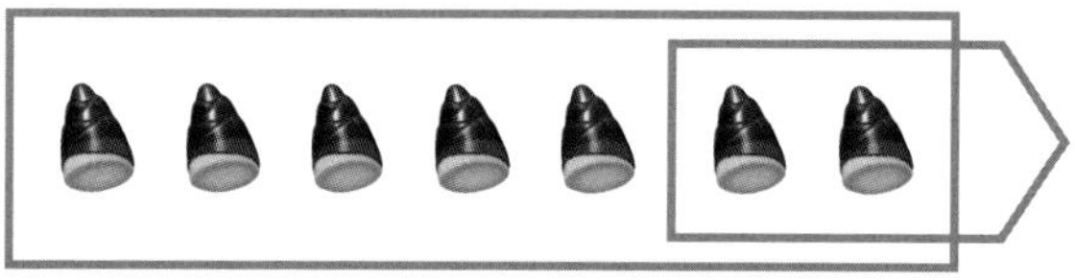

しき（　　　　　　　　　　　　）

こたえ（　　　　）こ

4 ねこが 8ひき います。 《くろねこ》は 3びき います。

《しろねこ》は なんびき いますか。 1つ10［20てん］

これも
ひきざんだよ。

しき（　　　　　　　　　　　　）

こたえ（　　　　）ひき

こたえ 61ページ

がつ　にち　てん

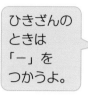

7 ちがいは いくつ

違いを求めるひき算

なまえ

1 ちがいは なんこでしょう。　　1つ10［20てん］

①

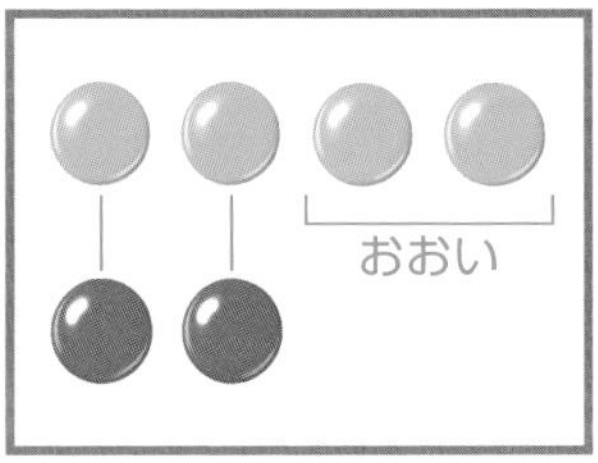

おおい

と の ちがいは，□こです。

②

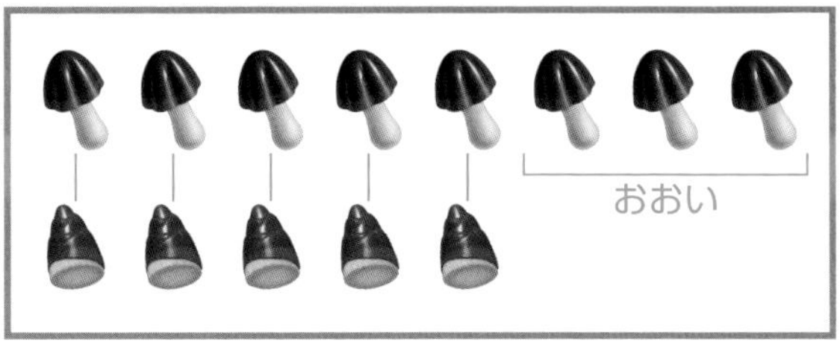

おおい

は 8こ，
は 5こだね。

と の ちがいは，□こです。

2 ちがいは なんぼんでしょう。　　1つ10［20てん］

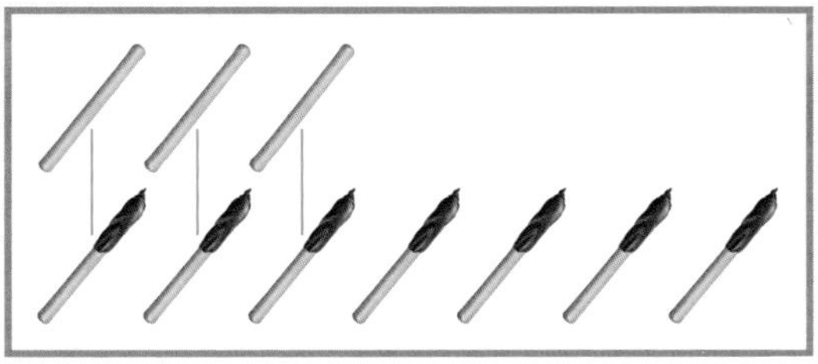

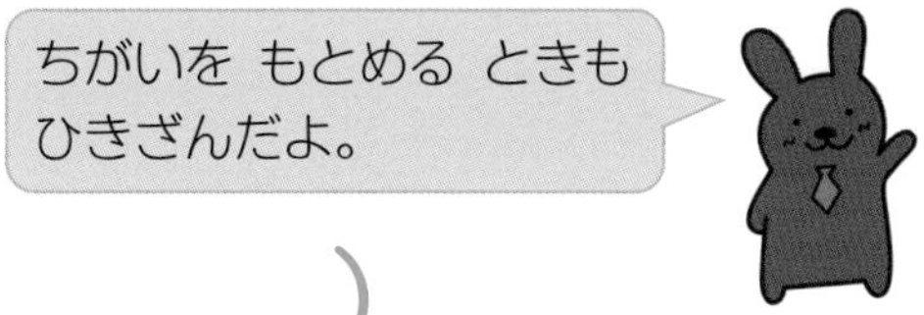

ちがいを もとめる ときも
ひきざんだよ。

しき（ 7 − 3 = 4 　　　）

こたえ（　　　）ほん

7 ちがいは いくつ

3 ちがいは なんこでしょう。

1つ10［60てん］

ひとつずつ
せんで むすぶと,
ちがいが いくつか
わかりやすいね。

①

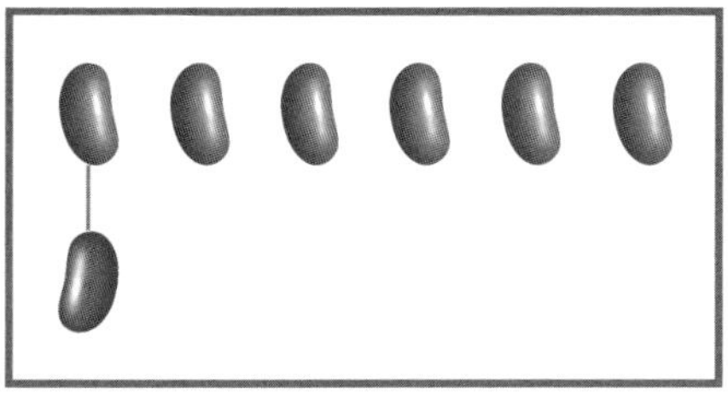

しき（　　　　　　　　　　）

こたえ（　　　　）こ

②

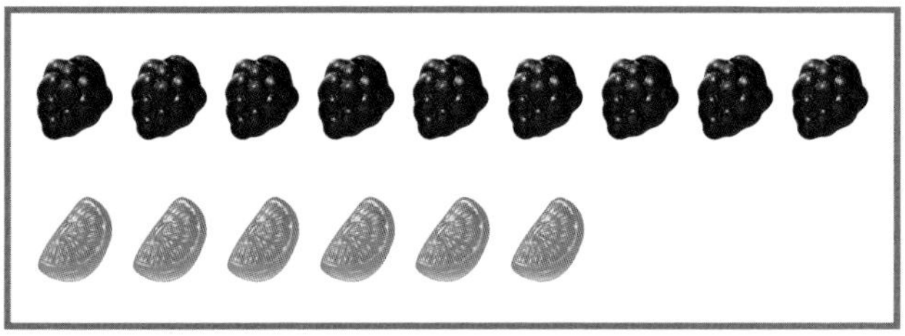

しき（　　　　　　　　　　）

こたえ（　　　　）こ

③

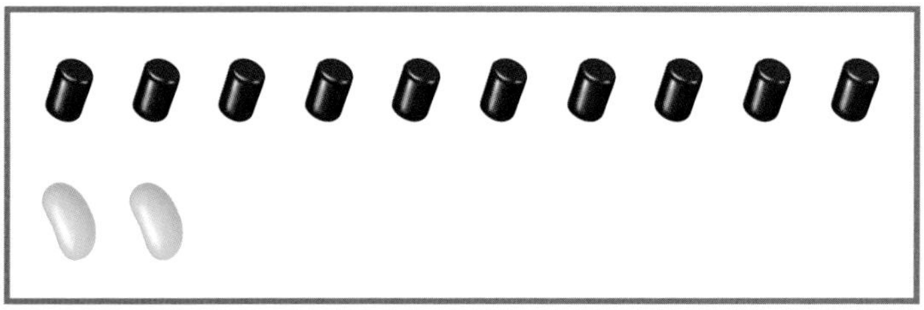

しき（　　　　　　　　　　）

こたえ（　　　　）こ

こたえ 62ページ

がつ　にち　　てん

8 ひきざんの れんしゅう

ひき算の計算練習

なまえ

1 ひきざんを しましょう。 1つ10［50てん］

① 5 − 2 = □

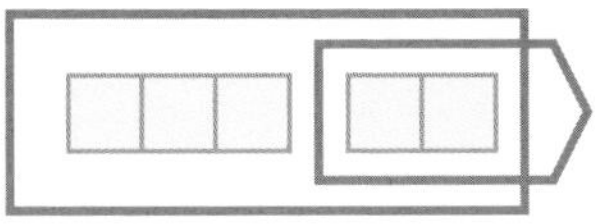

② 8 − 6 = □

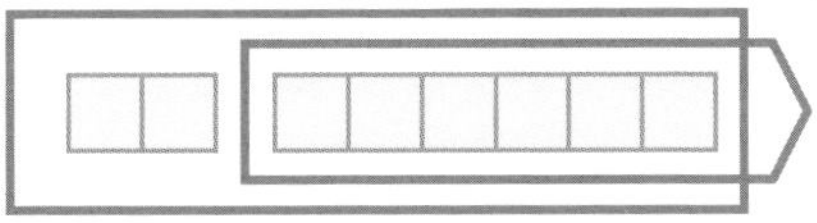

③ 6 − 3 = □

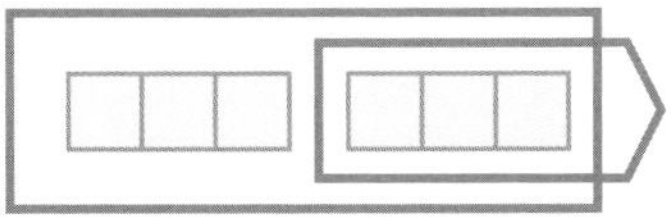

④ 9 − 1 = □

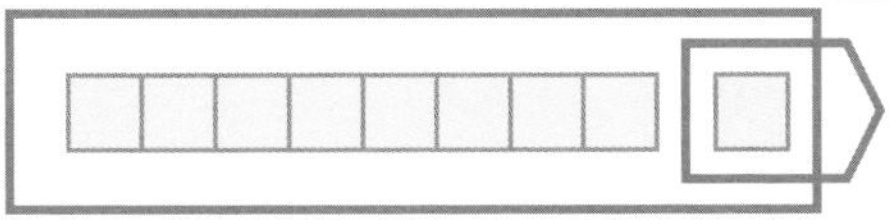

⑤ 10 − 3 = □

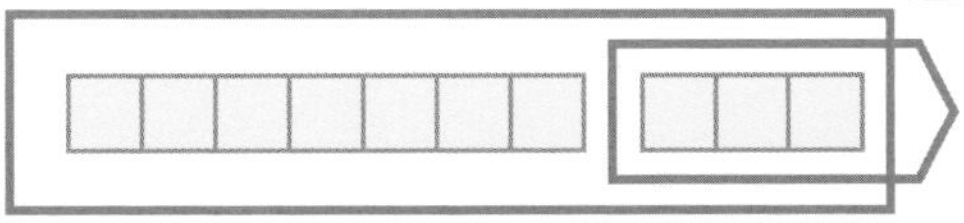

8 ひきざんの れんしゅう

2 ひきざんを しましょう。 1つ5［50てん］

① 2 − 1 = □　　② 7 − 4 = □

③ 5 − 4 = □　　④ 3 − 1 = □

⑤ 8 − 3 = □　　⑥ 7 − 5 = □

⑦ 6 − 2 = □　　⑧ 9 − 7 = □

⑨ 4 − 3 = □　　⑩ 10 − 9 = □

こたえ 63ページ

がつ　にち　てん

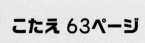

9 0の けいさん

0という数とその計算

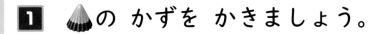

なまえ

1 の かずを かきましょう。

1つ10［20てん］

なにも
ない ときは
「0」と
かくよ。

① 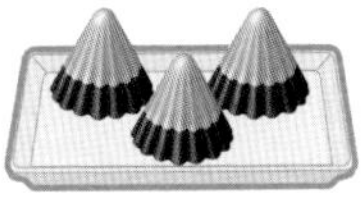

（　　　）

② 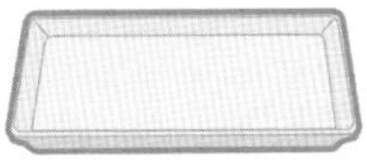

（　　　）

2 あわせて いくつですか。しきに かきましょう。

1つ5［20てん］

① 

2 ＋ □ ＝ □

あわせて
2つ

② 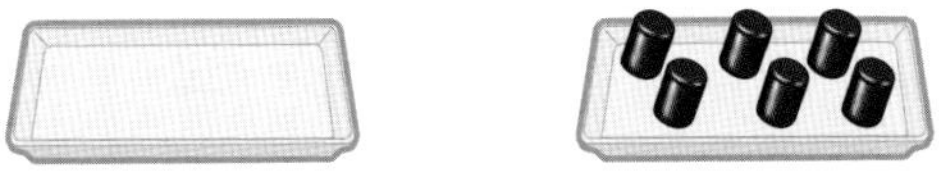

□ ＋ 6 ＝ □

あわせて
6つ

3 ちがいは いくつですか。しきに かきましょう。

1つ5［10てん］

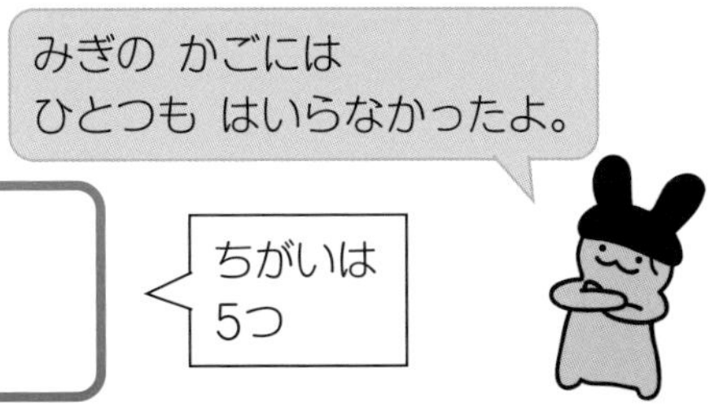
みぎの かごには
ひとつも はいらなかったよ。

5 − □ ＝ □

ちがいは
5つ

9 0の けいさん

4 けいさんを しましょう。 1つ5［50てん］

① $1+0=$ □　② $3+0=$ □

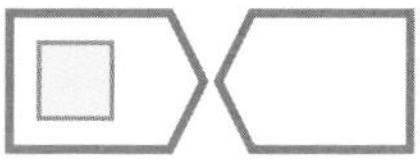

③ $0+1=$ □　④ $0+4=$ □

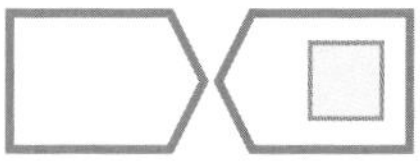

0を たしても,
0を ひいても,
かずは かわらないよ。

⑤ $7-0=$ □　⑥ $8-0=$ □

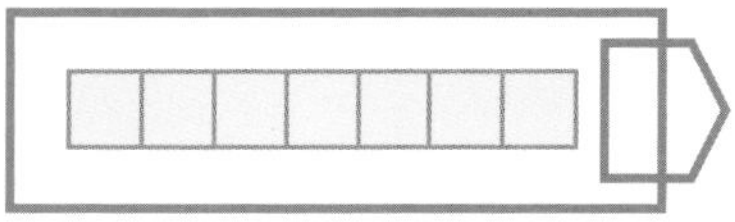

⑦ $5-5=$ □　⑧ $9-9=$ □

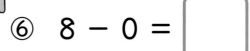

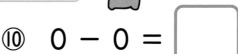

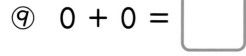

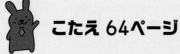

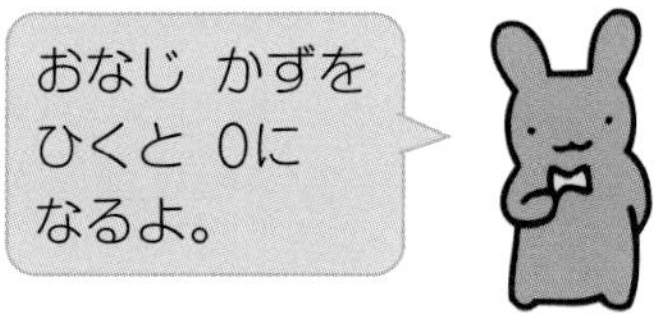
おなじ かずを
ひくと 0に
なるよ。

⑨ $0+0=$ □　⑩ $0-0=$ □

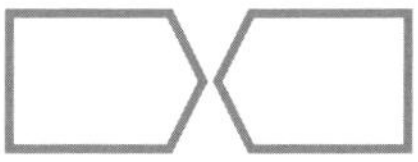

こたえ 64ページ

がつ　にち　てん

チョコっと ひとやすみ

けいさんぬりえ

こたえが 5に なる ところを あか，7に なる ところを きいろ，10に なる ところを みずいろで ぬりましょう。5や 7や 10に ならない ところは なにも ぬりません。

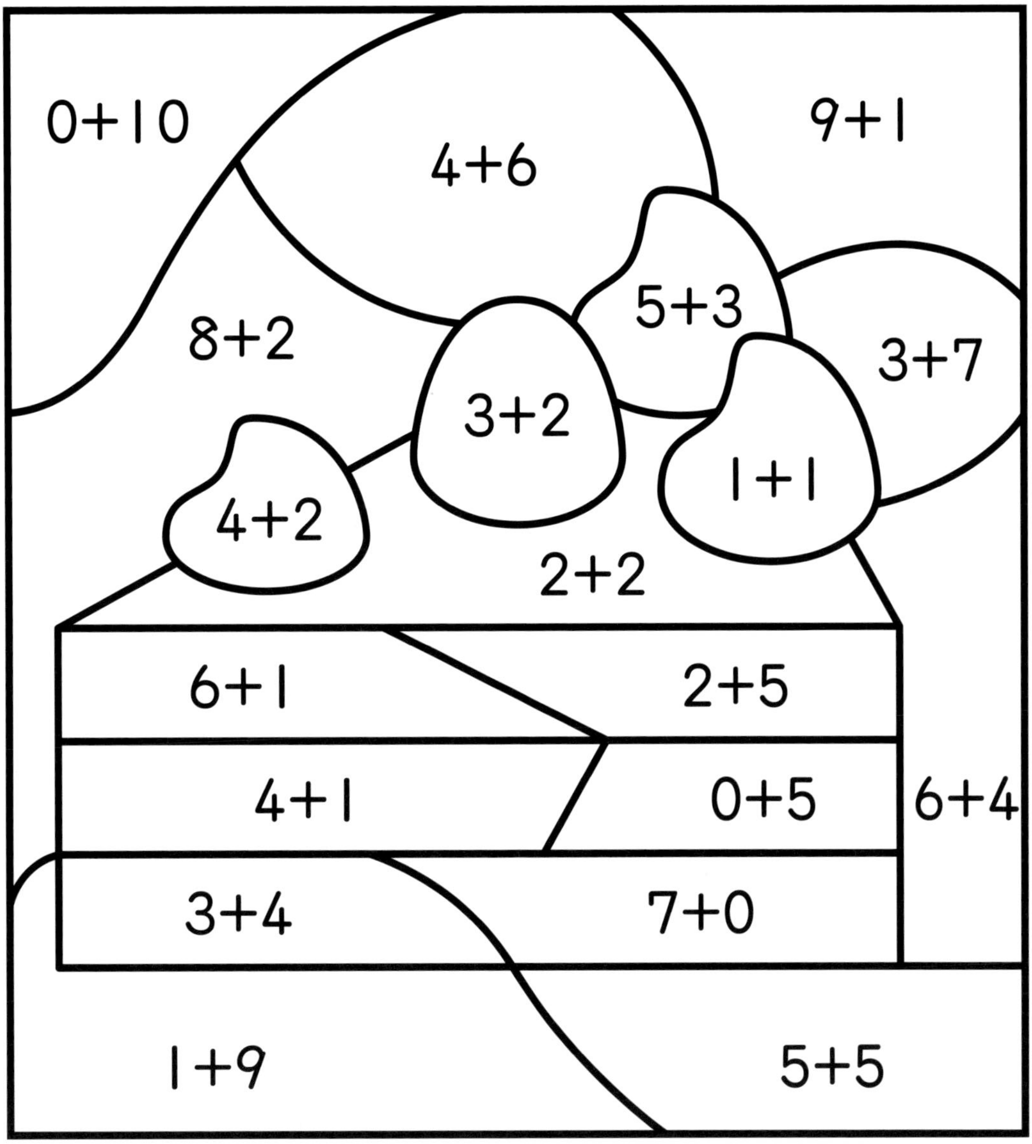

こたえが 1に なる ところを あか，2に なる ところを みずいろ，3に なる ところを きいろで ぬりましょう。

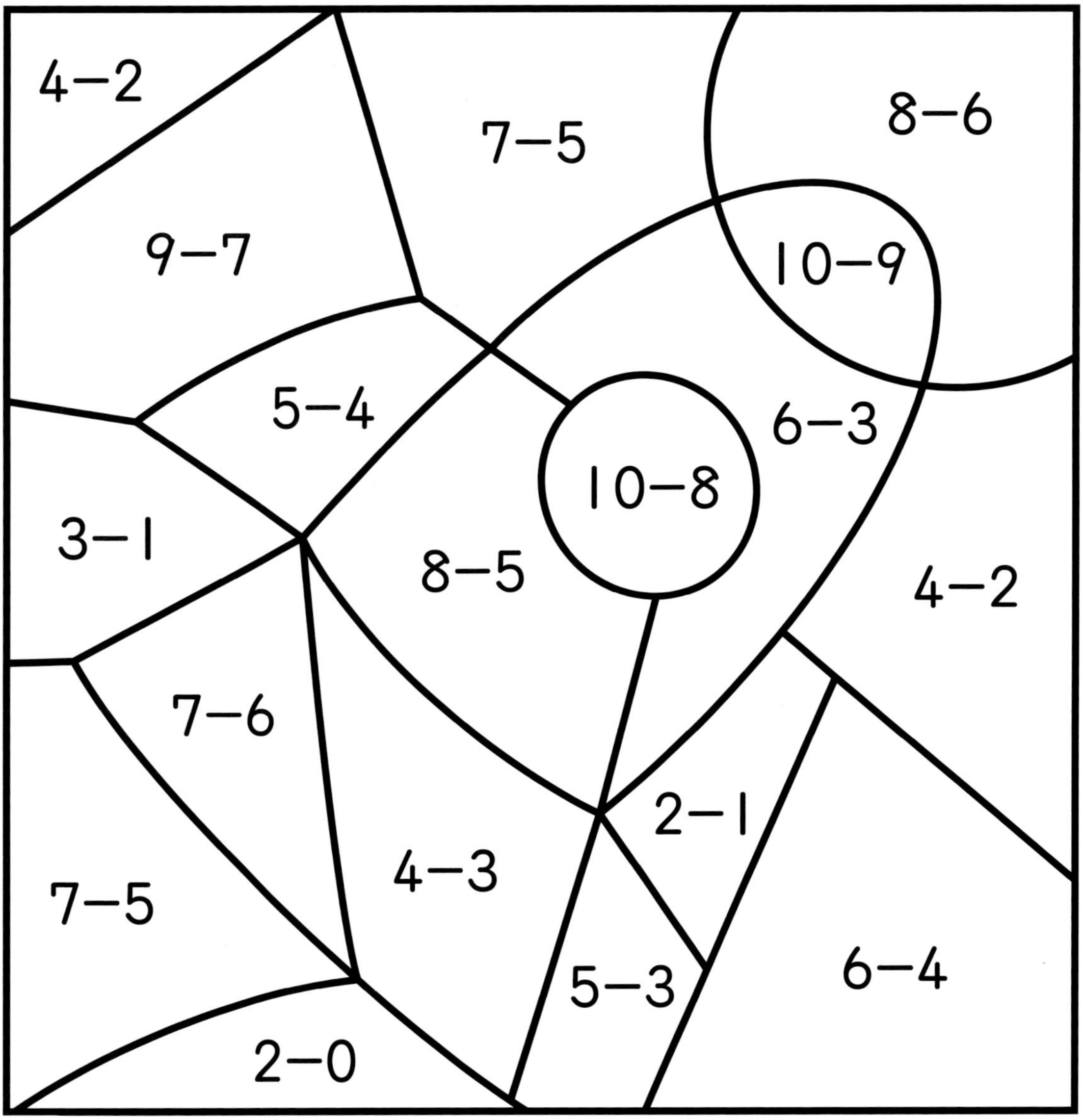

10 10より おおきい かず ①

20までの数を数える

なまえ

1 かずを すうじで かきましょう。　1つ5［50てん］

① 

（　　　　）

② 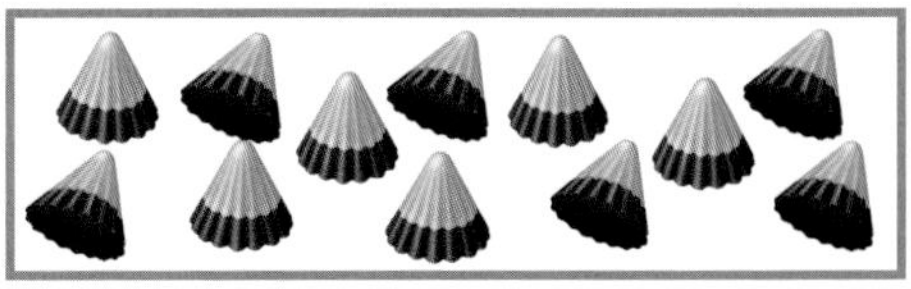

（　　　　）

③ 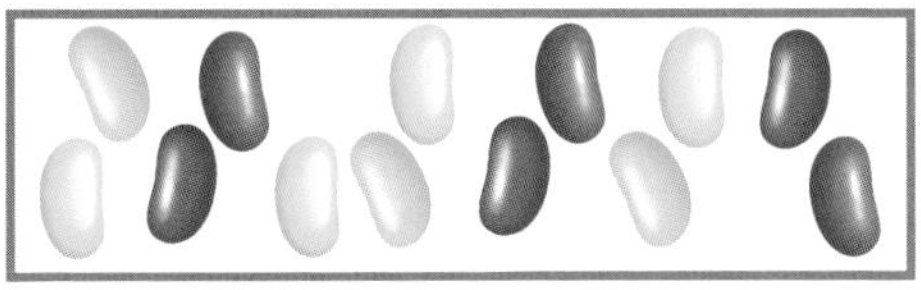

（　　　　）

④ 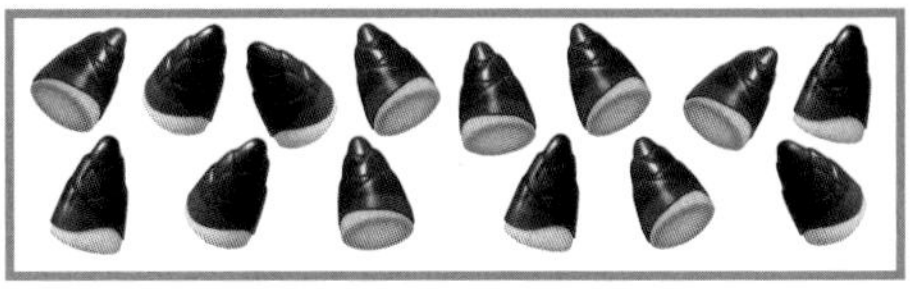

（　　　　）

⑤ 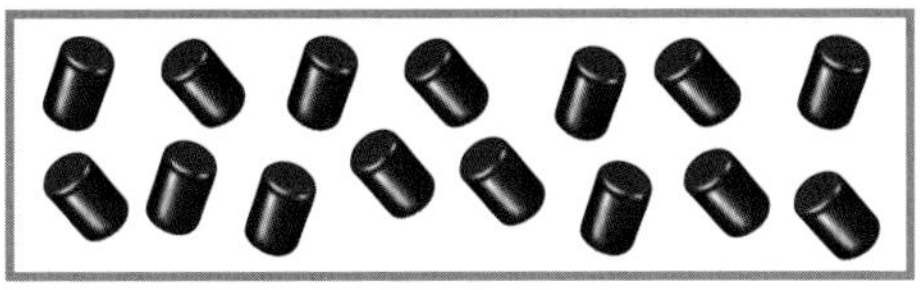

（　　　　）

⑥ 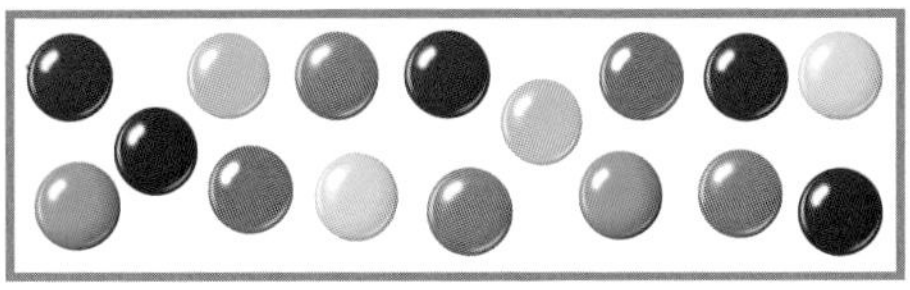

（　　　　）

⑦ 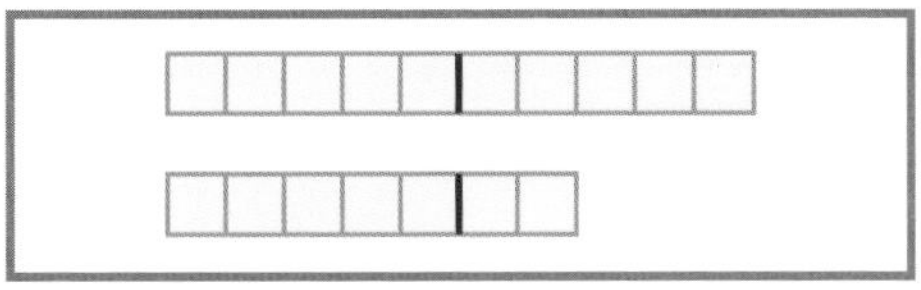

（　　　　）

⑧ 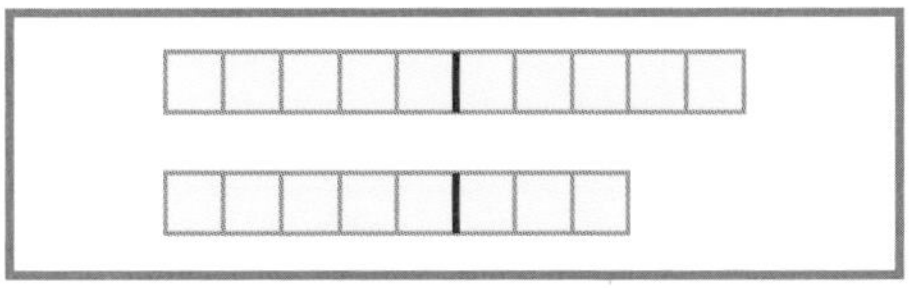

（　　　　）

⑨ 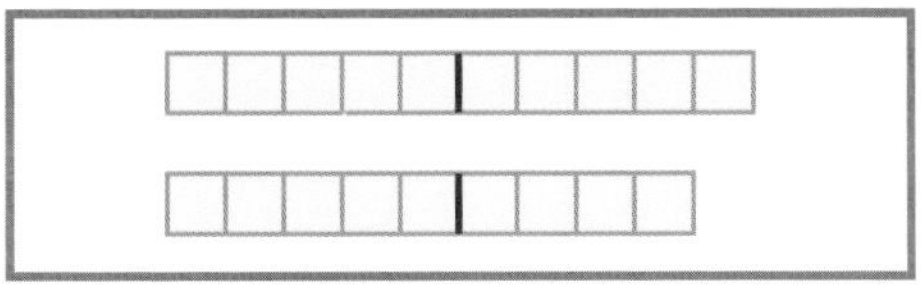

（　　　　）

⑩ 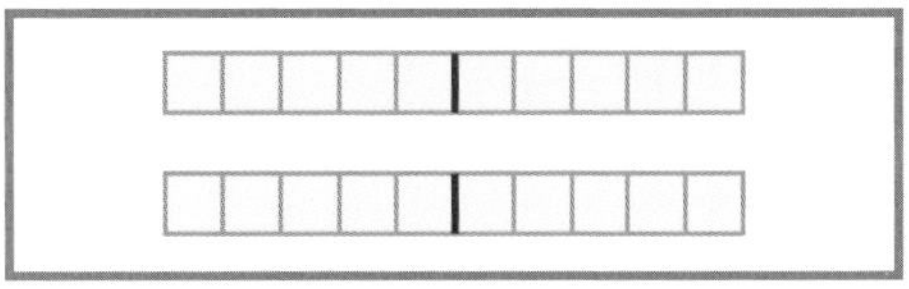

（　　　　）

10　10より おおきい かず ①

2　かずを かぞえましょう。　1つ10［50てん］

①
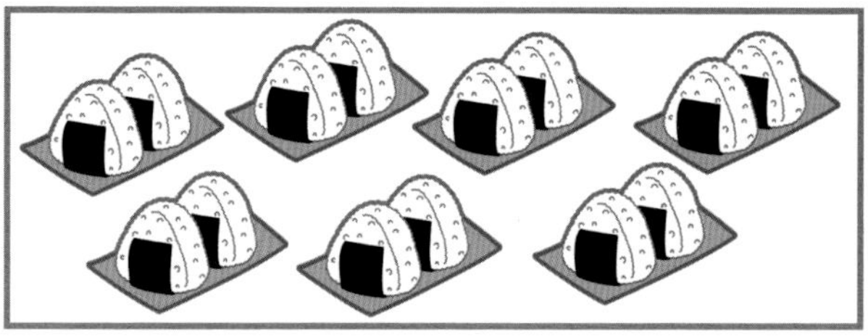

🍙は
いくつ あるかな？

（　　　　　）

②
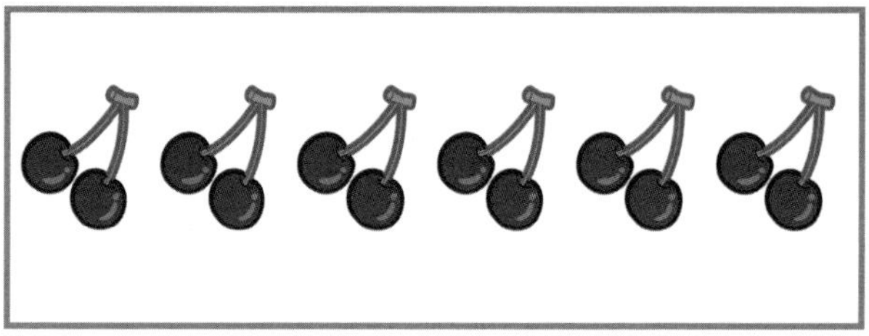

（　　　　　）

③
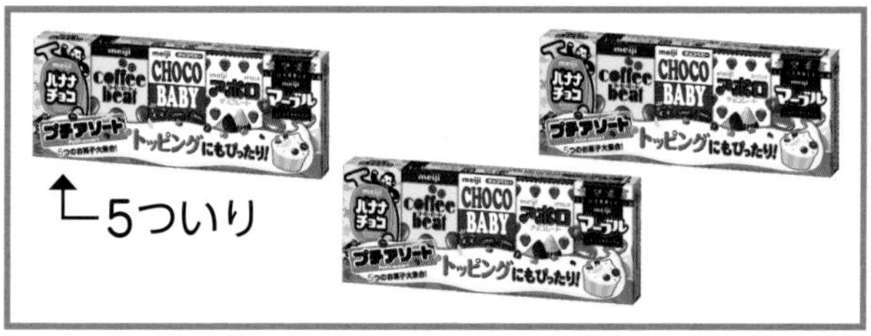

□は
いくつ あるかな？

（　　　　　）

④

（　　　　　）

⑤
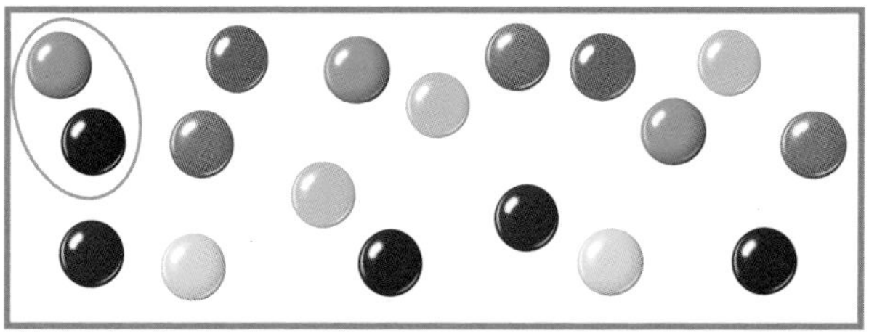

2つずつ
○で かこむと
かぞえやすいよ。

（　　　　　）

こたえ 66ページ

がつ　　にち　　てん

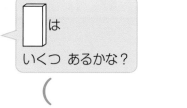

11 10より おおきい かず ②

数の分解，大きさ比べ，数の順，数の線

なまえ

1 ●を かぞえて，□に あう かずを かきましょう。

1つ5［20てん］

①
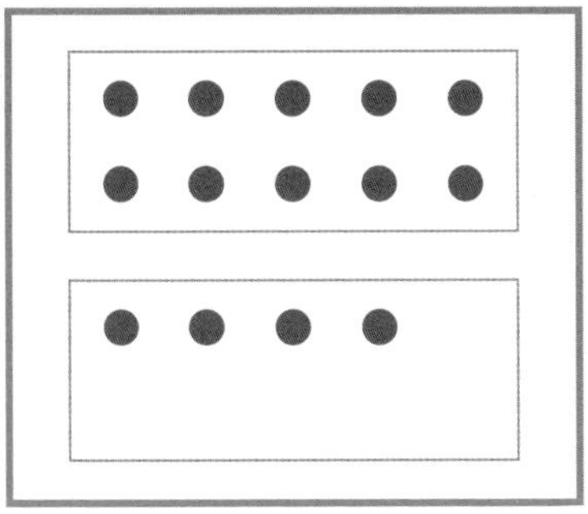

10 と 4 で 14

②
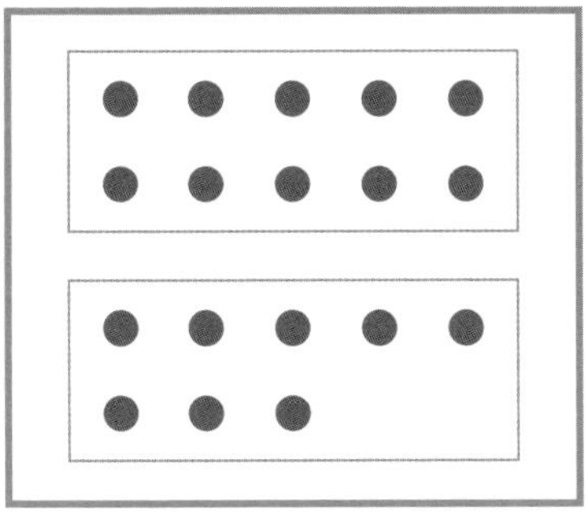

10 と □ で □

2 □に あう かずを かきましょう。 1つ10［30てん］

① 12 → 10 と □

② 17 → □ と 7

③ □ → 10 と 5

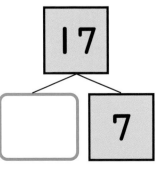

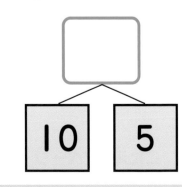

11 10より おおきい かず ②

3 おおきい ほうに ○を つけましょう。 1つ5［10てん］

① 15 ― 12　　② 16 ― 19

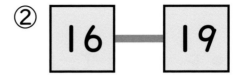

4 つぎの かずを かきましょう。 1つ10［20てん］

① 11より 2 おおきい かず （　　　）

② 18より 4 ちいさい かず （　　　）

10 11 12 13 14 15 16 17 18 19 20

5 ①，②に はいる かあどは どれですか。

1つ10［20てん］

15 ― 16 ― ① ― 18 ― 19 ― ②

あ 7　い 17　う 10　え 20

① （　　　）

② （　　　）

こたえ 67ページ

がつ　にち　てん

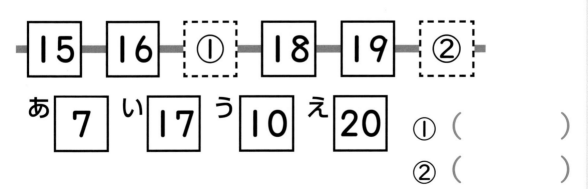

12 10より おおきい かずの けいさん

10より大きい数をふくむ，たし算やひき算

なまえ

1 けいさんを しましょう。　1つ5［50てん］

① 10 ＋ 2 ＝ □

10と 2を
あわせた
かずは…。

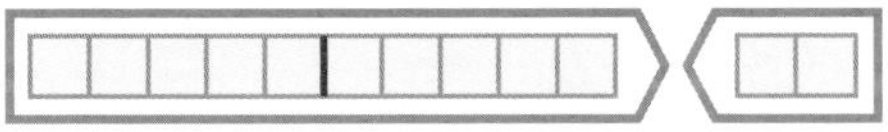

② 10 ＋ 5 ＝ □　③ 10 ＋ 7 ＝ □

④ 10 ＋ 8 ＝ □　⑤ 10 ＋ 1 ＝ □

⑥ 13 － 3 ＝ □

13から
3を とった
かずは…。

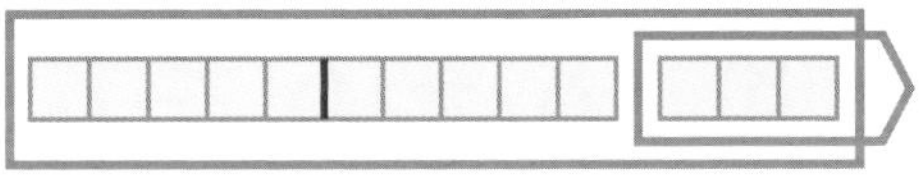

⑦ 16 － 6 ＝ □　⑧ 14 － 4 ＝ □

⑨ 19 － 9 ＝ □　⑩ 15 － 5 ＝ □

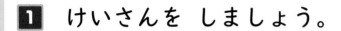

12 10より おおきい かずの けいさん

2 けいさんを しましょう。

1つ5［50てん］

① 12 ＋ 4 ＝ □

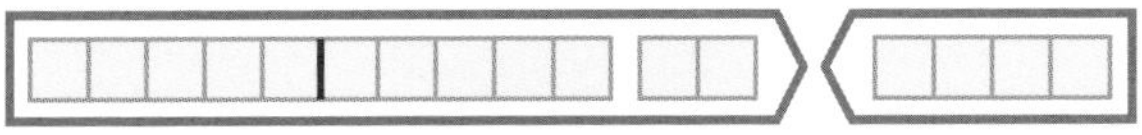

10は
そのままで
2と 4を
たすと…。

② 11 ＋ 6 ＝ □　③ 14 ＋ 1 ＝ □

④ 17 ＋ 2 ＝ □　⑤ 13 ＋ 5 ＝ □

⑥ 15 － 4 ＝ □

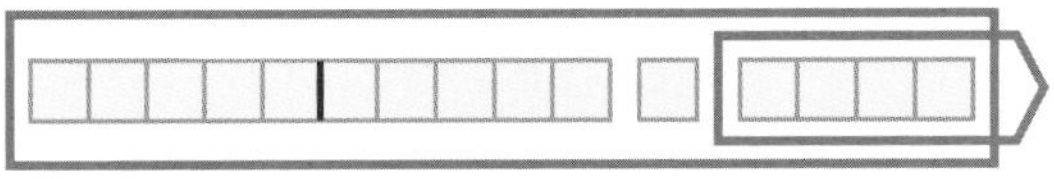

15は 10と
5だから，
5から 4を
ひいて…。

⑦ 14 － 2 ＝ □　⑧ 18 － 6 ＝ □

⑨ 16 － 3 ＝ □　⑩ 19 － 5 ＝ □

こたえ 68ページ

がつ　にち　てん

13 3つの かずの けいさん ①

■+■+■や■−■−■の計算

なまえ

1 なんわに なりましたか。 1つ5［25てん］

はじめに 4わ。2わ きました。

□ + □

3わ きました。

4+2+□ = □

6

1つの しきに
できるね。

こたえ □ わ

2 なんさつに なりましたか。 1つ5［25てん］

はじめに 2さつ。

3さつ かりました。

1さつ かりました。

しき 2 + 3 + 1 = □

5

まず，2+3=5を けいさんして，
5を ちいさく めもしよう。

こたえ □ さつ

13 3つの かずの けいさん ①

3 なんこに なりましたか。　1つ5［25てん］

はじめに 8こ。3こ あげました。

□ − □

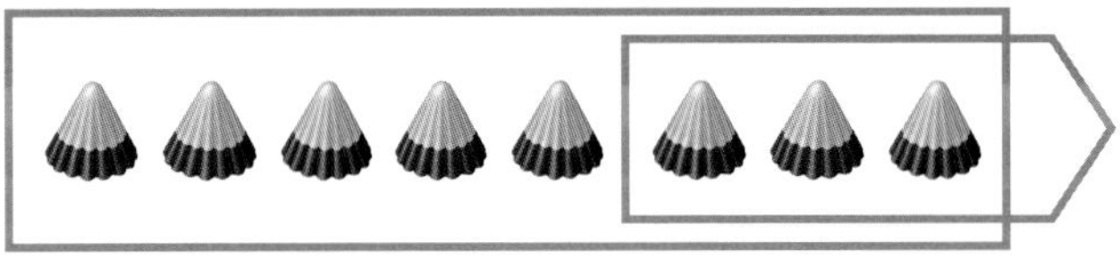

2こ あげました。

8−3−□ ＝ □
（8−3 → 5）

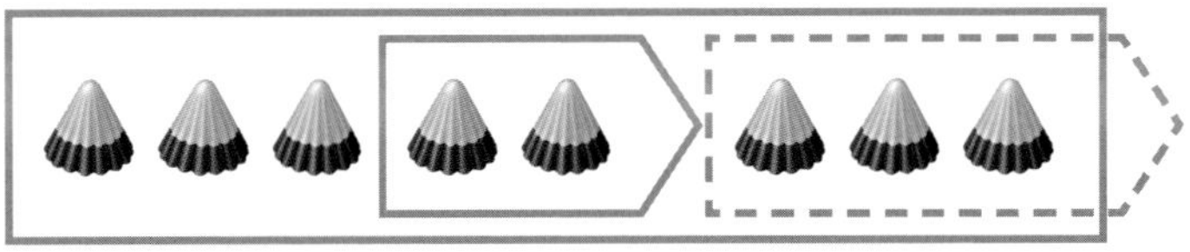

こたえ □ こ

4 なんこに なりましたか。　1つ5［25てん］

はじめに 6こ。

1こ うれました。

その あと 4こ うれました。

しき □ − □ − □ ＝ □

まえから
けいさんするよ。

こたえ □ こ

こたえ 69ページ　　がつ　にち　　てん

14 3つの かずの けいさん ②

■−■+■や■+■−■の計算

なまえ

1 なんこに なりましたか。　1つ5［25てん］

はじめに 5こ。2こ たべました。

□ − □

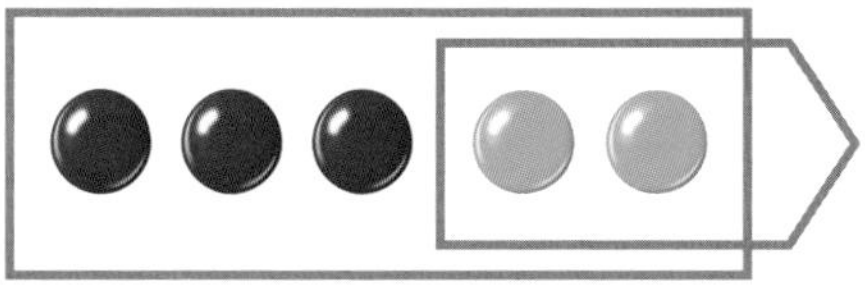

1こ もらいました。

5−2+□ = □

（5−2 → 3）

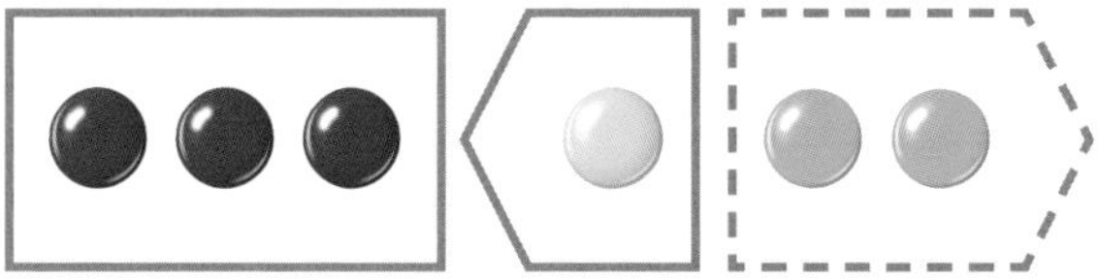

「+」と 「−」でも
1つの しきに できるね。

こたえ □ こ

2 なんだいに なりましたか。　1つ5［25てん］

はじめに 7だい。
5だい でました。

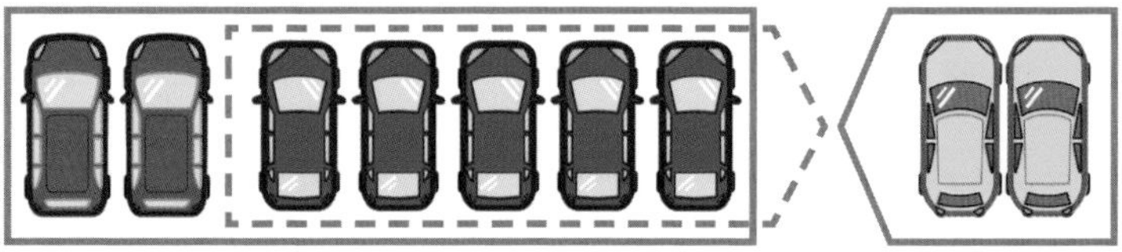

その あと 2だい きました。

しき 7 − 5 + 2 = □

まず，7−5を
けいさんして…。

こたえ □ だい

14 3つの かずの けいさん ②

3 なんにんに なりましたか。 1つ5［25てん］

はじめに 4にん。5にん きました。

□ ＋ □

3にん かえりました。 4＋5−□ ＝ □

9

こたえ □にん

4 なんまいに なりましたか。 1つ5［25てん］

はじめに 3まい。
4まい かいました。

その あと 7まい たべました。

しき □ ＋ □ − □ ＝ □

こたえ □まい

こたえ 70ページ

がつ　にち　てん

チョコっと ひとやすみ

★ぼうしが かわいい★
ゆきだるまトリュフ

○ざいりょう○　（雪《ゆき》だるま6個分《こぶん》）

明治《めいじ》ホワイトチョコレート … 4枚《まい》（160g《グラム》）

生《なま》クリーム … 40mL《ミリリットル》

チョコチューブ（すぐ固《かた》まるタイプ）… 1本《ぽん》

アポロ … 6粒《つぶ》

粉糖《ふんとう》 … 適量《てきりょう》

アラザン … 適量《てきりょう》

マーブルチョコレート … 適量《てきりょう》

かならず おうちのひとと
いっしょに つくろうね。

○どうぐ○

耐熱容器《たいねつようき》，電子《でんし》レンジ，耐熱《たいねつ》カップ，泡《あわ》だて器《き》，
冷蔵庫《れいぞうこ》，クッキングシート，バット，スプーン，
茶《ちゃ》こし，手《て》なべ，ピンセット

○つくりかた○

① ホワイトチョコレートを手《て》で細《こま》かくわって耐熱容器《たいねつようき》に入《い》れ，
電子《でんし》レンジであたためます。（500W《ワット》で50～60秒《びょう》）

② ①に生《なま》クリームを加《くわ》え，泡《あわ》だて器《き》で手早《てばや》くまぜあわせ，
冷蔵庫《れいぞうこ》で20～30分《ぷん》冷《ひ》やします。

③ ②のあいだにチョコチューブをお湯《ゆ》につけてやわらかくします。
チョコチューブにお湯《ゆ》が入《はい》らないように，チューブの先《さき》を上《うえ》にします。

①
ホワイトチョコレート
②
生クリーム
③
40～50℃のお湯

ポイント

**とちゅうで チョコチューブが
かたく なったら，
もういちど おゆに つけて
やわらかく しよう。**

④ ②がぽってりした（あんこくらいの）かたさになったら，
スプーンで1個分《こぶん》をすくいとって手《て》のひらでまるめます。
直径《ちょっけい》が10円玉《えんだま》くらいの大《おお》きさのものを8個《こ》，
直径《ちょっけい》が500円玉《えんだま》くらいの大《おお》きさのものを4個《こ》作《つく》ります。

④

ポイント

**みずで てを ひやして，てを
ふいてから まるめてね。**

⑤

⑤ チョコチューブをのりがわりにして2つを重《かさ》ねあわせ，
クッキングシートをしいたバットにならべます。

⑥ 10分《ぷん》くらい冷蔵庫《れいぞうこ》に入《い》れて上下《じょうげ》がくっついたら，
粉糖《ふんとう》を茶《ちゃ》こしでふりかけます。

⑥

⑦ チョコチューブをのりがわりにして，アポロを帽子《ぼうし》のように，
マーブルやアラザンをボタンのように飾《かざ》ります。
チョコチューブで顔《かお》をかいたらできあがり！

⑦

ポイント

**チョコチューブを つかう ところだけ
ふんとうを おとしてから
かざりつけよう。**

○どうぐを しろう○ あわだてき

ざいりょうを まぜたり なまクリームや たまごを
あわだてたり するのに つかいます。
はりがねの ほんすうが おおくて
おおきく ふくらんだ かたちの ものが
あわだてやすいです。

15 たしざん ①

くり上がりのあるたし算

なまえ

1 9+3の けいさんを しましょう。　1つ5［30てん］

9は あと （　） で 10だね。

3を 1と （　） に わけてみよう。

9に 1を たすと （　） だよ。

10と 2で こたえは （　） だね。

ふたりの かんがえを まとめましょう。

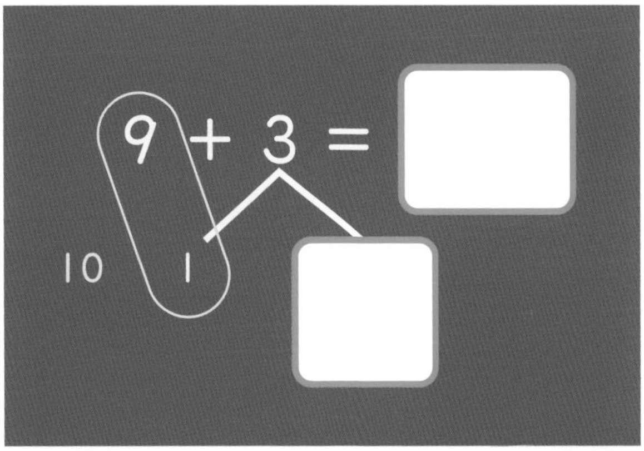

□に かずを かこう。

この やりかたで つぎの ぺえじの けいさんを しよう！

15 たしざん ①

2 けいさんを しましょう。 1つ6［54てん］

① 8 ＋ 5 ＝ □

10 □ □

8は あと 2で 10に なる。
5を 2と 3に わける。
8に 2を たして 10。
10に 3を たすと…。

② 7 ＋ 4 ＝ □

10 □ □

③ 6 ＋ 6 ＝ □

10 □ □

3 けいさんを しましょう。 1つ8［16てん］

① 9 ＋ 5 ＝ □　　② 8 ＋ 3 ＝ □

2と おなじように
じぶんで かいてみよう！

こたえ 71ページ

がつ　にち　てん

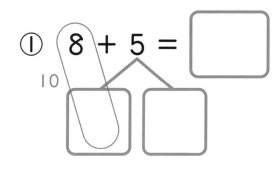

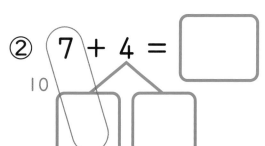

16 たしざん ②

くり上がりのあるたし算

なまえ

1 けいさんを　しましょう。　1つ7［70てん］

① 5 + 7 = □　　② 3 + 8 = □

③ 2 + 9 = □　　④ 7 + 7 = □

⑤ 8 + 4 = □　　⑥ 4 + 9 = □

⑦ 6 + 8 = □　　⑧ 8 + 7 = □

⑨ 7 + 6 = □　　⑩ 9 + 9 = □

16 たしざん ②

2 3+9の けいさんを しましょう。 1つ6［30てん］

まえの かずを わけても
けいさんできるかな。

3を 2と □ に わけてみよう。

9に 1を たすと □ だよ。

10と 2で こたえは □ だね。

ふたりの かんがえを まとめましょう。

まえの
かずを
わけても
けいさん
できるね！

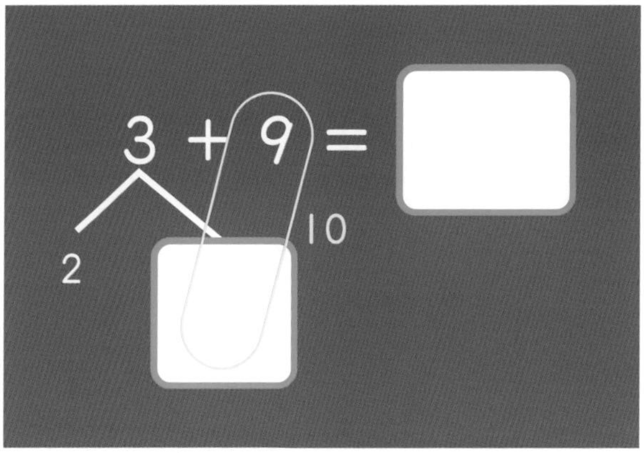

やりやすい
ほうほうで
けいさん
すれば
いいよ！

こたえ 72ページ

がつ にち

てん

17 ひきざん ①

くり下がりのあるひき算

なまえ

1 12−7の けいさんを しましょう。 1つ6［30てん］

2から 7は ひけないから…。

12を 10と □ に わけてみよう。

10から 7を ひくと □ だよ。

3と 2で こたえは □ だね。

ふたりの かんがえを まとめましょう。

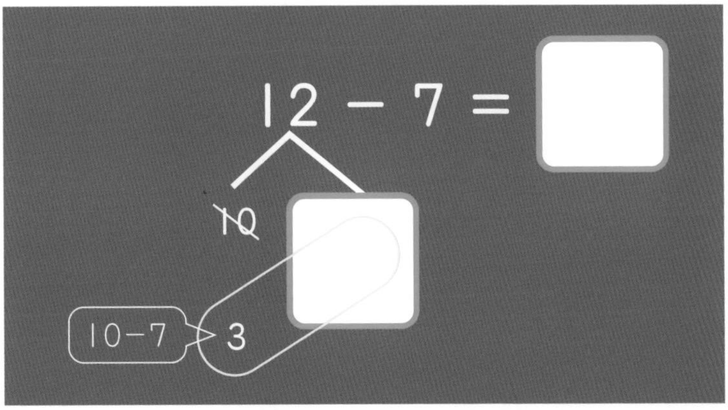

まず 10と
いくつかに
わけるんだね。

17 ひきざん ①

2 けいさんを しましょう。　1つ6［54てん］

① 16 − 7 = □

10　□　□　←10−7

16を 10と 6に わけて，
10から 7を とると…。

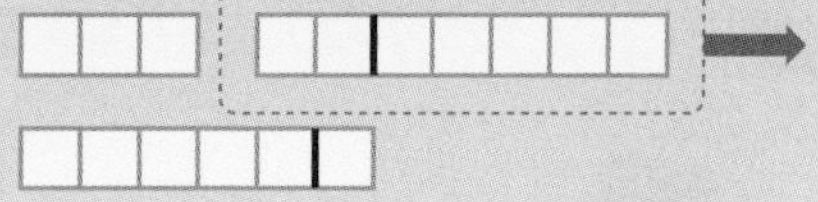

② 11 − 2 = □

10　□　□

③ 15 − 9 = □

10　□　□

3 けいさんを しましょう。　1つ8［16てん］

① 14 − 8 = □　② 17 − 9 = □

2のように
かいてみよう。

こたえ 73ページ　がつ　にち　てん

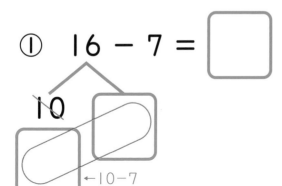

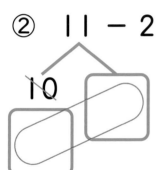

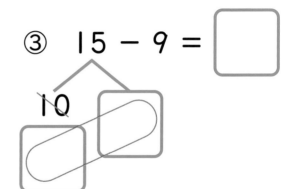

18 ひきざん ②

くり下がりのあるひき算

なまえ

1 けいさんを しましょう。

1つ7［70てん］

① $11 - 7 =$ □　② $12 - 3 =$ □

③ $13 - 6 =$ □　④ $15 - 6 =$ □

⑤ $16 - 8 =$ □　⑥ $14 - 6 =$ □

⑦ $12 - 9 =$ □　⑧ $17 - 8 =$ □

⑨ $18 - 9 =$ □　⑩ $13 - 7 =$ □

18 ひきざん ②

2 13−5の けいさんを しましょう。　1つ6［30てん］

5を 3と □ に わけてみよう。

はじめに 13から ばらの 3を ひくと

□ だよ。

つぎに 10から のこりの 2を ひくと，

こたえは □ だね。

ふたりの かんがえを まとめましょう。

うしろの かずを わけても いいね。

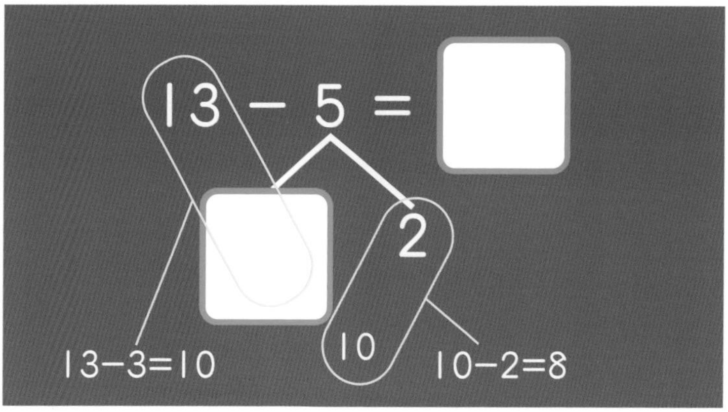

このほうほうで まえの ぺえじの けいさんを してみよう。

こたえ 74ページ

がつ　にち　てん

チョコっと まめちしき

1ねんの
ぎょうじと
たべもの

○バレンタインデー○　2/14

バレンタインデーは せかいじゅうで
おこなわれて いる ぎょうじです。
にほんでは すきな ひとに
チョコレートを おくる ことが
おおいですが，プレゼントや カードを おくる
くにも あります。

てづくりの
チョコレートを わたす
ひとも おおいよ。

○ひなまつり○　3/3

ひなまつりに たべる ちらしずしには
れんこんが はいって います。
れんこんは あなを のぞくと さきが
みとおせる ことから，えんぎが よいと
いわれる しょくざいです。

みんなは
どんな おとなに
なるのかな。

○たなばた○　7/7

たなばたは　ちゅうごくの　でんせつが
もとに　なって　できた　ぎょうじです。
この　でんせつでは，おりひめと
ひこぼしは　たなばたの　ひに　だけ　あまのがわを
わたって　あう　ことが　できると　されて　います。

むかしの　にほんでは，そうめんを
あまのがわに　みたてて　おそなえ
していたと　いわれて　います。

○クリスマス○　12/25

クリスマスは　キリストの
たんじょうを　おいわいする
ぎょうじです。にほんでは，
ごちそうを　たべたり　サンタクロースが
やって　きたり　します。クリスマスには，
ショートケーキや　チョコレートケーキなどの
クリスマスケーキが
よく　たべられます。

クリスマスの
あとは すぐに
おしょうがつだね。

19 おおきい かず ①

一の位と十の位，百

なまえ

1 かずを すうじで かきましょう。　1つ5［30てん］

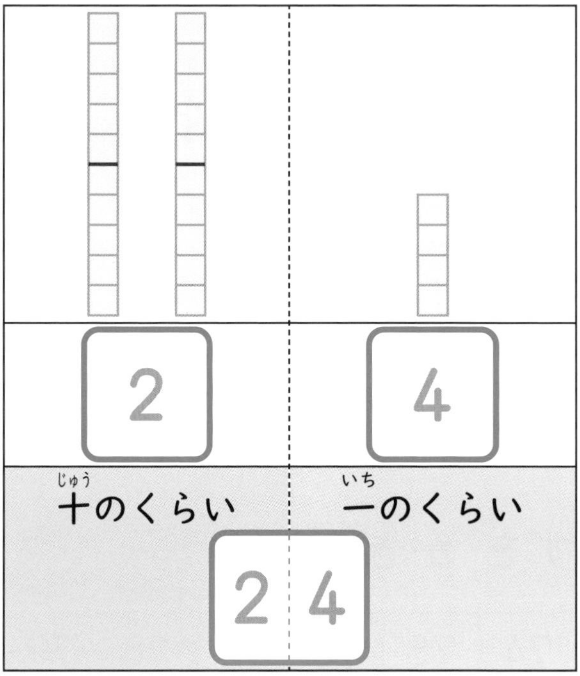
2
4
十《じゅう》のくらい
一《いち》のくらい
24

10が □ つと

1が □ つで，

24

□の
なかに
すうじを
いれよう。

2 かずを かぞえましょう。　1つ10［20てん］

①

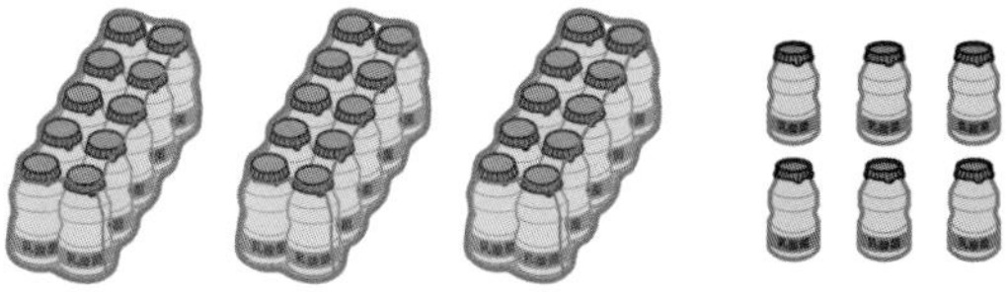

（　　　　）

②

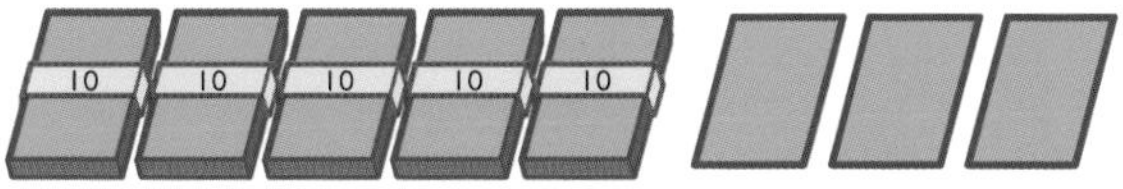
10
10
10
10
10

（　　　　）

19 おおきい かず ①

3 □に あう かずや ことばを かきましょう。

1つ10［40てん］

10が 10 こで 百《ひゃく》 と いうよ。

百は すうじで □ と かくよ。

100は 99より □ おおきい

かずだね。

4 かくれて いる かずを かきましょう。

1つ5［10てん］

70	71	72	73	74	75	76	77	78	79
80	81	①	83	84	85	86	87	88	89
90	91	92	93	94	95	96	②	98	99
100									

①（　　　　） ②（　　　　）

こたえ 75ページ

がつ　にち　てん

20 おおきい かず ②

大きさ比べ，数の順，数の分解，数の線

なまえ

1 おおきい ほうに ○を つけましょう。 1つ5［10てん］

① 69 — 96　　② 80 — 78

2 □に あう かずを かきましょう。 1つ5［20てん］

① 47 — 48 — □ — 50 — □

② 60 — □ — 80 — 90 — □

3 □に あう かずを かきましょう。 1つ5［20てん］

① 82の 十《じゅう》のくらいの すうじは □，

一《いち》のくらいの すうじは □

② 54は，10が □ こと 1が □ こ

20 おおきい かず ②

4 かずを かぞえましょう。 1つ10［20てん］

①

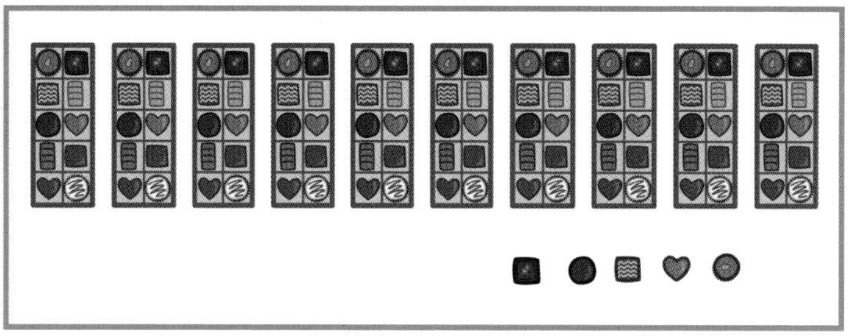

（　　　　）

②

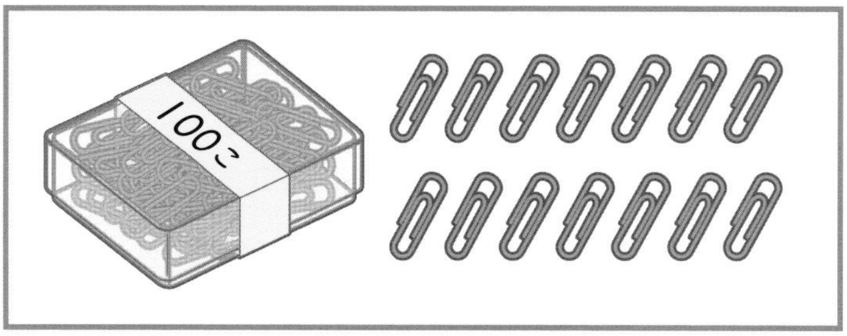

（　　　　）

5 □に あう かずを かきましょう。 1つ5［10てん］

97 — 98 — □ — 100 — □ — 102

6 めもりが あらわす かずを かきましょう。

1つ10［20てん］

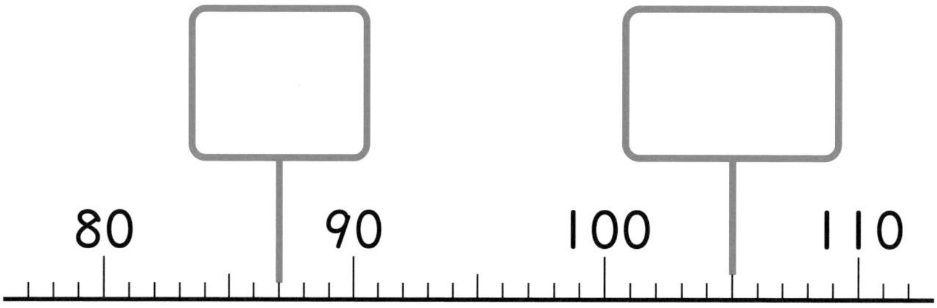

こたえ 76ページ

がつ　　にち　　てん

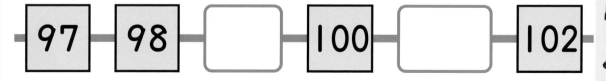

21 おおきい かずの けいさん

20より大きい数の計算

なまえ

1 けいさんを しましょう。

1つ5［50てん］

① 30+5＝□

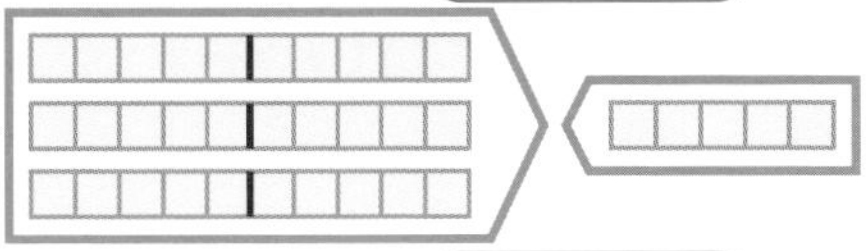

② 50+8＝□

③ 80+2＝□

④ 23−3＝□

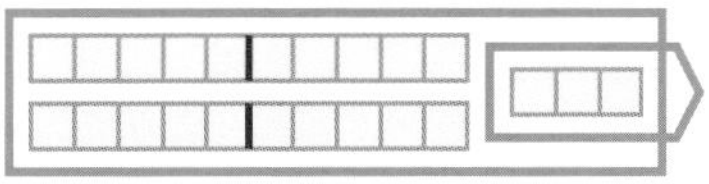

⑤ 69−9＝□

⑥ 76−6＝□

⑦ 43+4＝□

⑧ 61+5＝□

⑨ 28−7＝□

⑩ 95−2＝□

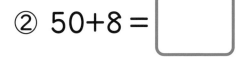

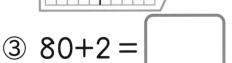

21 おおきい かずの けいさん

2 けいさんを しましょう。 1つ5［50てん］

① 20+50＝□　② 30+60＝□

③ 10+90＝□　④ 50+50＝□

⑤ 80−20＝□　⑥ 70−40＝□

⑦ 60−60＝□　⑧ 100−20＝□

⑨ 100−30＝□　⑩ 100−60＝□

こたえ 77ページ

がつ　にち　てん

22 1ねんせいの まとめ

1年生の計算のまとめ

なまえ

1 けいさんを しましょう。

1つ5［50てん］

① $4+5=$ □

② $7-1=$ □

③ $0+8=$ □

④ $3-0=$ □

⑤ $10+3=$ □

⑥ $17-7=$ □

⑦ $15+2=$ □

⑧ $14-1=$ □

⑨ $1+3+6=$ □

⑩ $9-6+2=$ □

いままでに まなんだ たしざんや ひきざんだよ。できるかな？

22 1ねんせいの まとめ

2 けいさんを しましょう。　1つ5［50てん］

① $5+6=$ □　　② $9+7=$ □

③ $8+8=$ □　　④ $12-8=$ □

⑤ $11-4=$ □　　⑥ $14-9=$ □

⑦ $73+3=$ □　　⑧ $38-6=$ □

⑨ $40+30=$ □　　⑩ $100-50=$ □

こたえ 78ページ

がつ　にち　　てん

おかしなドリル

小学1年　けいさん

こたえと　てびき

こたえあわせを　しよう！
まちがえた　もんだいは
どうして　まちがえたか　かんがえて
もういちど　といてみよう。
もんだいと　おなじように
きりとって　つかえるよ。

1 なかまづくりと かず

1から10までの数を数える

なまえ

1 えと おなじ かずだけ ◯に いろを ぬり，かずを すうじで かきましょう。 1つ5［50てん］

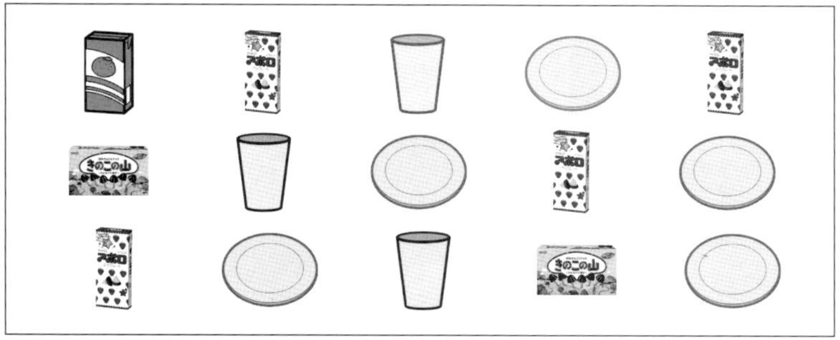

① （ 1 ）

② （ 2 ）

③ （ 3 ）

④ （ 4 ）

⑤ （ 5 ）

えを よく
みて
かぞえよう！

1 なかまづくりと かず

2 えと おなじ かずだけ ◯に いろを ぬり，かずを すうじで かきましょう。 1つ5［50てん］

① 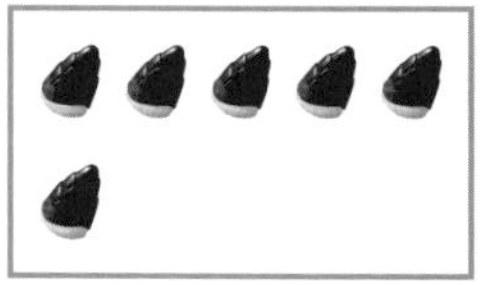 （ 6 ）

② 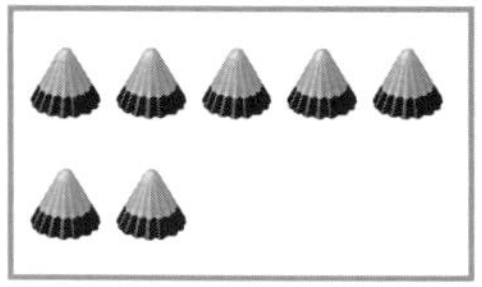 （ 7 ）

③ 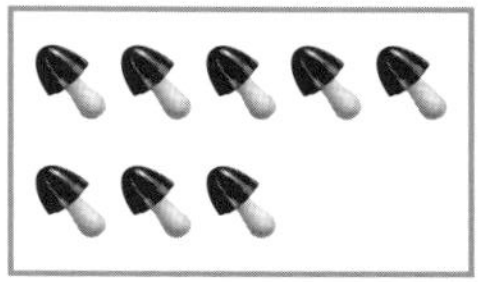 （ 8 ）

④ 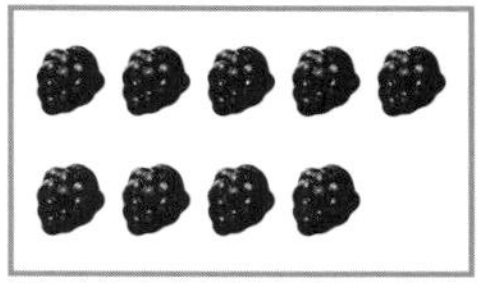 （ 9 ）

⑤ 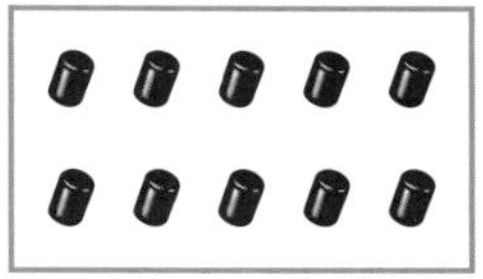 （ 10 ）

こたえ 56ページ

がつ にち てん

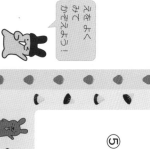

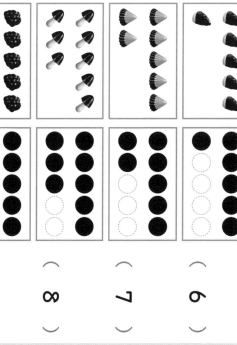

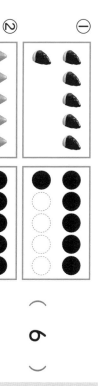

2 10までの かず

大きさ比べ，数の順，数の分解

なまえ

1 おおい ほうに ○を つけましょう。 1つ5［20てん］

① 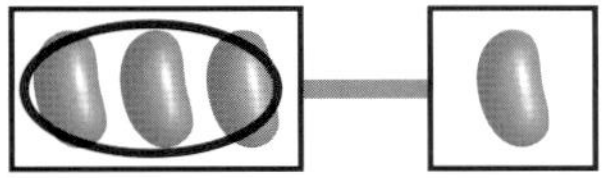

② 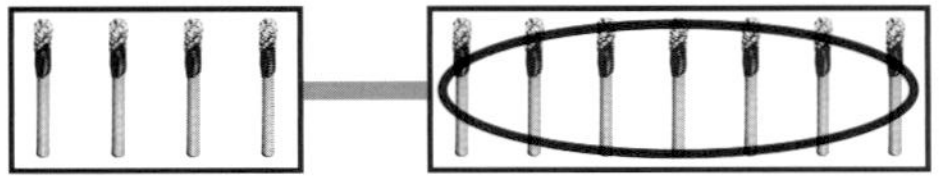

③ 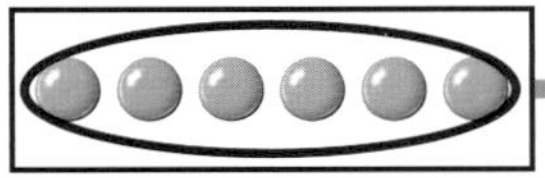 4

④ 8 ― ⑩

★お菓子や文具など，身近なものを使って，数を数えたり，数の大きさを比べたりしてみましょう。

いくつ あるかな。かぞえて みよう！

2 かあどを ちいさい じゅんに ならべましょう。 1つ5［20てん］

5　9　2　6

2 → 5 → 6 → 9

2が いちばん ちいさくて，つぎは…。

2 10までの かず

3 □に あう かずを かきましょう。 1つ10［20てん］

① 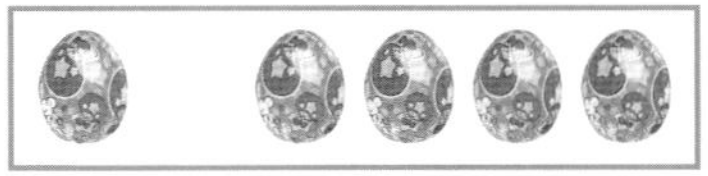 5は 1と 4

② 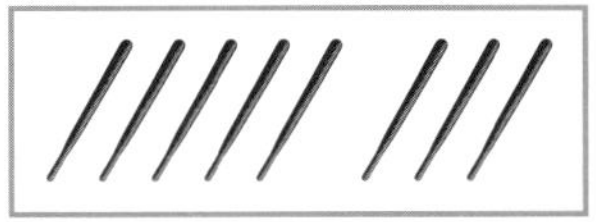 8は 5と 3

4 □に あう かずを かきましょう。 1つ10［40てん］

① 6 → 3 と 3

6は 3と いくつかな。

② 7 → 5 と 2

③ 9 → 1 と 8

④ 10 → 4 と 6

★数の分解は，くり上がりのあるたし算やくり下がりのあるひき算のもとになります。ていねいに取り組みましょう。

こたえ 57ページ

がつ　にち　てん

3 あわせて いくつ

合わせた数を求めるたし算

なまえ

1 あわせて いくつでしょう。 1つ10 [20てん]

① 

2と 1を あわせると, [3] に なります。

② 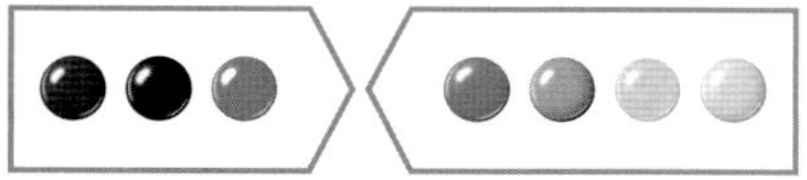

3と 4を あわせると, [7] に なります。

2 あわせて なんぼんでしょう。 1つ10 [20てん]

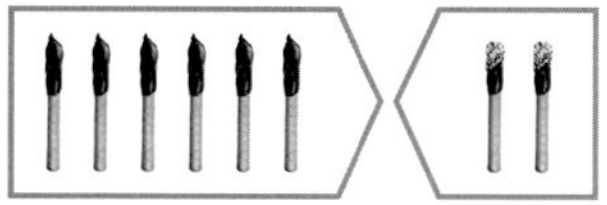

しきを なぞろう！

しき (6 + 2 = 8)

ろく たす に は はち と よむよ。
こえに だして いってみよう。

こたえ (8)ほん

3 あわせて いくつ

3 あわせて なんこでしょう。 1つ10 [60てん]

★まずは式の書き方に慣れ、合わせた数はイラストを数えて考えましょう。

① 

しき (1 + 5 = 6)

こたえ (6)こ

② 

しき (7 + 2 = 9)

こたえ (9)こ

③ 

しき (3 + 5 = 8)

こたえ (8)こ

こたえ 58ページ

がつ にち てん

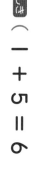

4 ふえると いくつ

増えた後の数を求めるたし算

なまえ

1 ふえると いくつでしょう。 1つ10［20てん］

① 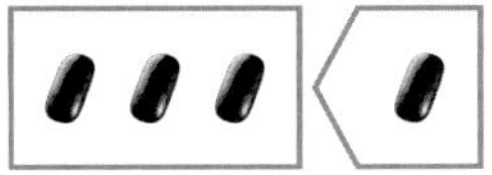

★3の「あわせて いくつ」と
4の「ふえると いくつ」が
1年生で学習する主なたし算です。

3から 1 ふえると、 4 に なります。

② 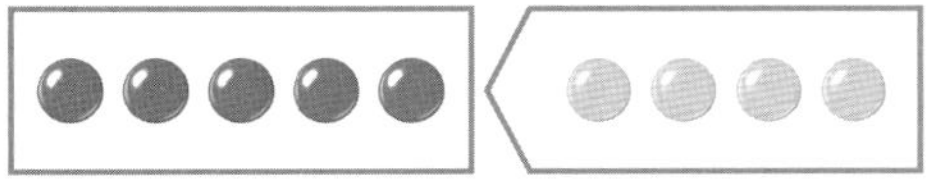

5から 4 ふえると、 9 に なります。

2 ふえると なんこでしょう。 1つ10［20てん］

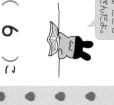

ふえる ときも
たしざんだよ。

しき（ 4 ＋ 2 ＝ 6 ）

こたえ（ 6 ）こ

4 ふえると いくつ

3 ふえると なんこでしょう。 1つ10［60てん］

① 

4こ
ふえると…。

しき（ 1 ＋ 4 ＝ 5 ）

こたえ（ 5 ）こ

② 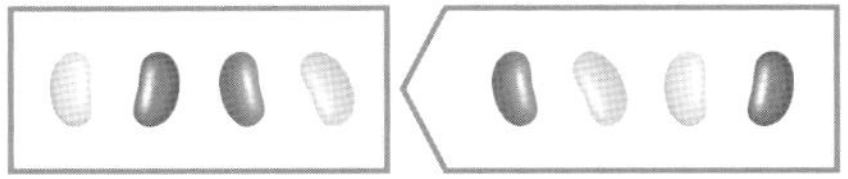

たしざんの
ときは
「＋」を
つかうよ。

しき（ 4 ＋ 4 ＝ 8 ）

こたえ（ 8 ）こ

③ 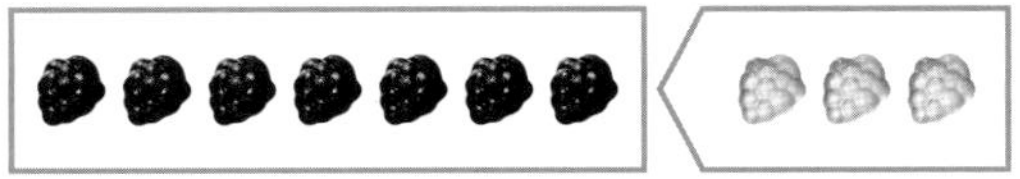

しき（ 7 ＋ 3 ＝ 10 ）

こたえ（ 10 ）こ

こたえ 59ページ

がつ にち てん

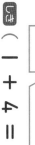

5 たしざんの れんしゅう

たし算の計算練習

なまえ

1 たしざんを しましょう。 1つ10［50てん］

ぶろっくを つかって
かんがえよう！

① 1 + 6 = **7**

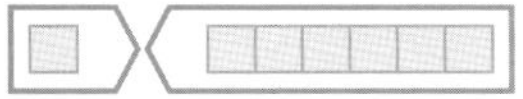

② 2 + 4 = **6**

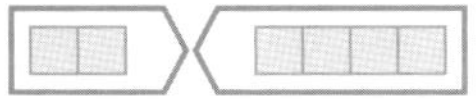

③ 5 + 3 = **8**

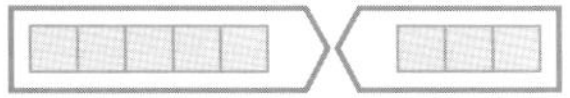

④ 1 + 8 = **9**

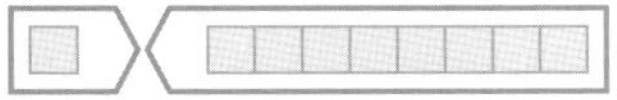

⑤ 9 + 1 = **10**

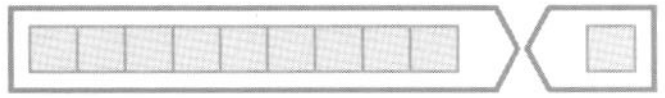

★はじめはブロックを数えてもよいでしょう。
ブロックを数えて答えを求めることで，数を合わせるというたし算の基本的な考え方が身につきます。

5 たしざんの れんしゅう

2 たしざんを しましょう。 1つ5［50てん］

① 2 + 6 = **8**

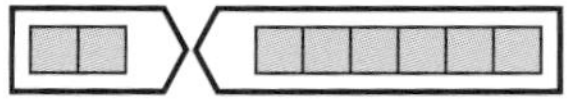

② 3 + 1 = **4**

③ 5 + 2 = **7**

④ 3 + 4 = **7**

★わからないときは，ブロック図や●などをかいて，数えてみましょう。

⑤ 6 + 3 = **9**

⑥ 4 + 1 = **5**

⑦ 7 + 1 = **8**

⑧ 2 + 7 = **9**

⑨ 5 + 5 = **10**

⑩ 8 + 2 = **10**

●を かいて，
かずを かぞえても
いいね。

こたえ 60ページ

がつ にち てん

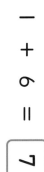

6 のこりは いくつ

減った後の数を求めるひき算

なまえ

1 のこりは いくつでしょう。 1つ10［20てん］

のこった かずを かぞえよう！

①

3から 1を とると、 2 に なります。

②

6から 2を とると、 4 に なります。

2 のこりは なんこでしょう。 1つ10［20てん］

しき（ 9 − 4 ＝ 5 ）

きゅう ひく よん は ご と よむよ。
こたえに だして いってみよう。

こたえ（ 5 ）こ

6 のこりは いくつ

3 のこりは なんこでしょう。 1つ10［40てん］

ひきざんの ときは 「−」を つかうよ。

①

しき（ 5 − 3 ＝ 2 ）

こたえ（ 2 ）こ

②

しき（ 7 − 2 ＝ 5 ）

こたえ（ 5 ）こ

4 ねこが 8ひき います。 《くろねこ》は 3びき います。

《しろねこ》は なんびき いますか。 1つ10［20てん］

これも ひきざんだよ。

しき（ 8 − 3 ＝ 5 ）

こたえ（ 5 ）ひき

★「もう一方はいくつ？」という場合もひき算です。全体の数から一方の数をひきます。

こたえ 61ページ

がつ にち てん

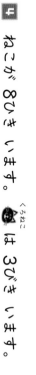

7 ちがいは いくつ

違いを求めるひき算

なまえ

1 ちがいは なんこでしょう。 1つ10［20てん］

①

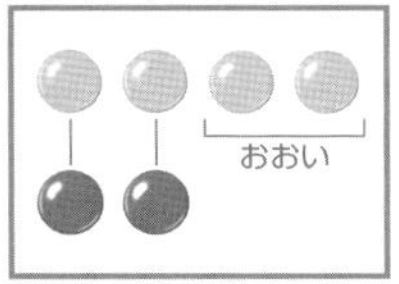

と の ちがいは，［ 2 ］こです。

②

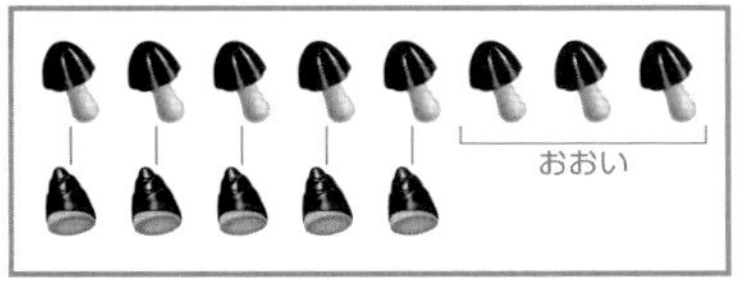

は 8こ，
は 5こだね。

と の ちがいは，［ 3 ］こです。

2 ちがいは なんぼんでしょう。 1つ10［20てん］

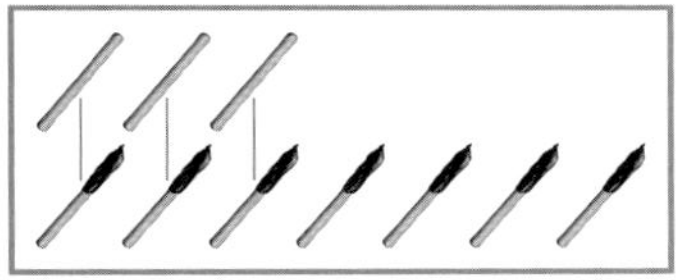

ちがいを もとめる ときも
ひきざんだよ。

しき（ 7 − 3 = 4 ）

こたえ（ 4 ）ほん

7 ちがいは いくつ

3 ちがいは なんこでしょう。 1つ10［60てん］

ひとつずつ
せんで むすぶと，
ちがいが いくつか
わかりやすいね。

①

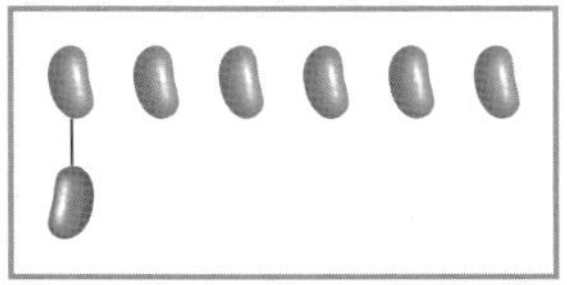

しき（ 6 − 1 = 5 ）

こたえ（ 5 ）こ

②

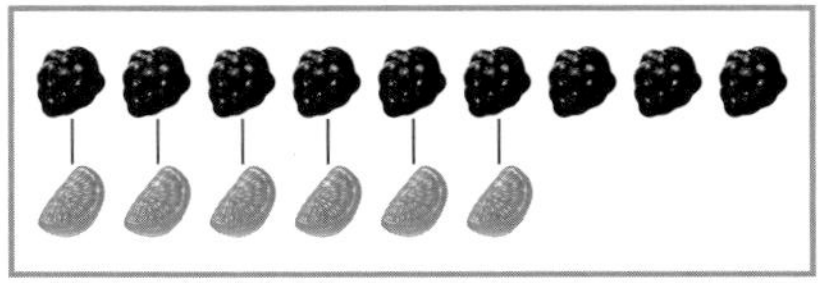

しき（ 9 − 6 = 3 ）

こたえ（ 3 ）こ

★残りを求めるとき，全体のうちの一方の数を求めるとき，違いを求めるときに，ひき算を使います。違いを求めるときは，ひとつずつ線で結んでみるとよいでしょう。

③

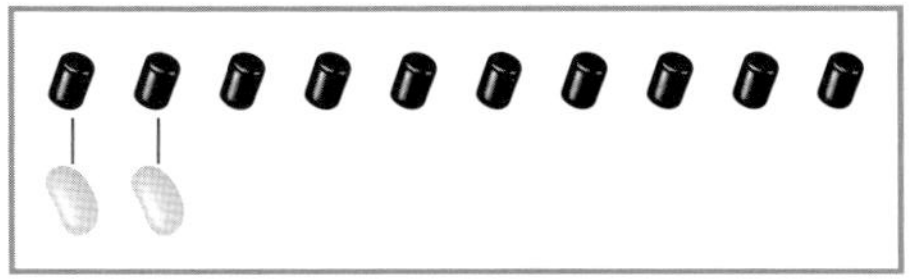

しき（ 10 − 2 = 8 ）

こたえ（ 8 ）こ

こたえ 62ページ

がつ にち てん

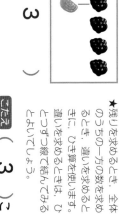

8 ひきざんの れんしゅう

ひき算の計算練習

なまえ

1 ひきざんを しましょう。 1つ10［50てん］

① 5 − 2 ＝ 3

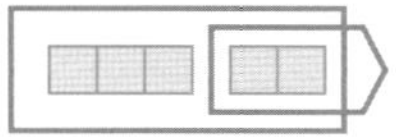

② 8 − 6 ＝ 2

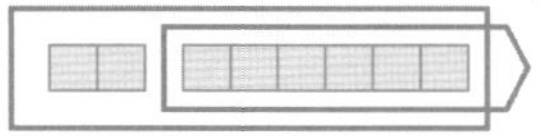

③ 6 − 3 ＝ 3

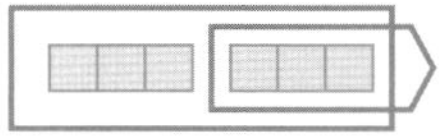

④ 9 − 1 ＝ 8

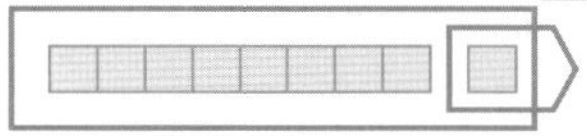

⑤ 10 − 3 ＝ 7

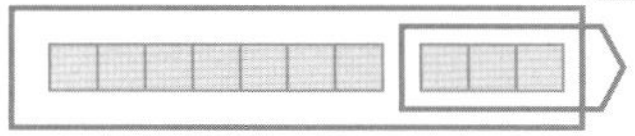

★ひき算の練習です。
はじめはブロックを数えて答えを求めてみましょう。
たとえば①では，ブロックを5つ置き，そこから2つをとることで，ひき算の「残り」のイメージをつかめます。

8 ひきざんの れんしゅう

2 ひきざんを しましょう。 1つ5［50てん］

① 2 − 1 ＝ 1

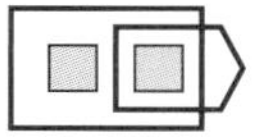

② 7 − 4 ＝ 3

③ 5 − 4 ＝ 1

④ 3 − 1 ＝ 2

★ひき算のときも，わからないときは，ブロック図や●などをかいてみましょう。

⑤ 8 − 3 ＝ 5

⑥ 7 − 5 ＝ 2

⑦ 6 − 2 ＝ 4

⑧ 9 − 7 ＝ 2

⑨ 4 − 3 ＝ 1

⑩ 10 − 9 ＝ 1

こたえ 63ページ

がつ　にち

てん

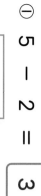

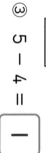

9 0の けいさん

0という数とその計算

なまえ

1 のの かずを かきましょう。 1つ10［20てん］

なにも ない ときは 「0」と かくよ。

①（ 3 ）

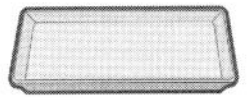

②（ 0 ）

2 あわせて いくつですか。しきに かきましょう。 1つ5［20てん］

①

2 ＋ 0 ＝ 2

あわせて 2つ

②

0 ＋ 6 ＝ 6

あわせて 6つ

3 ちがいは いくつですか。しきに かきましょう。 1つ5［10てん］

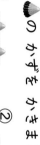

みぎの かごには ひとつも はいらなかったよ。

5 − 0 ＝ 5

ちがいは 5つ

9 0の けいさん

4 けいさんを しましょう。 1つ5［50てん］

① 1 ＋ 0 ＝ 1

② 3 ＋ 0 ＝ 3

③ 0 ＋ 1 ＝ 1

④ 0 ＋ 4 ＝ 4

0を たしても、
0を ひいても、
かずは かわらないよ。

⑤ 7 − 0 ＝ 7

⑥ 8 − 0 ＝ 8

⑦ 5 − 5 ＝ 0

⑧ 9 − 9 ＝ 0

おなじ かずを ひくと 0に なるよ。

⑨ 0 ＋ 0 ＝ 0

⑩ 0 − 0 ＝ 0

こたえ 64ページ

がつ　にち　てん

チョコっと ひとやすみ けいさんぬりえ

こたえが 5に なる ところを あか，7に なる ところを きいろ，10に なる ところを みずいろで ぬりましょう。5や 7や 10に ならない ところは なにも ぬりません。

★▦を赤，⁙を黄色，▨を水色で塗ります。

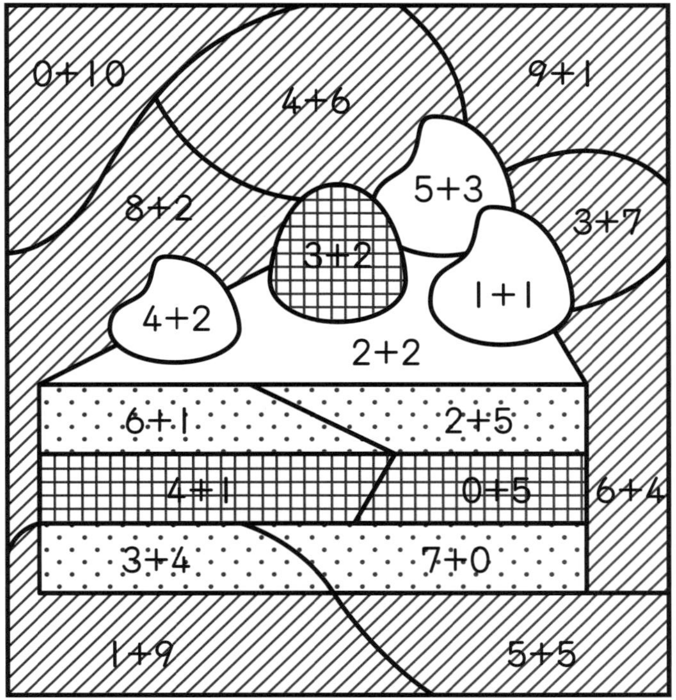

こたえが 1に なる ところを あか，2に なる ところを みずいろ，3に なる ところを きいろで ぬりましょう。

★▦を赤，▨を水色，⁙を黄色で塗ります。

こんどは
ひきざんだよ。

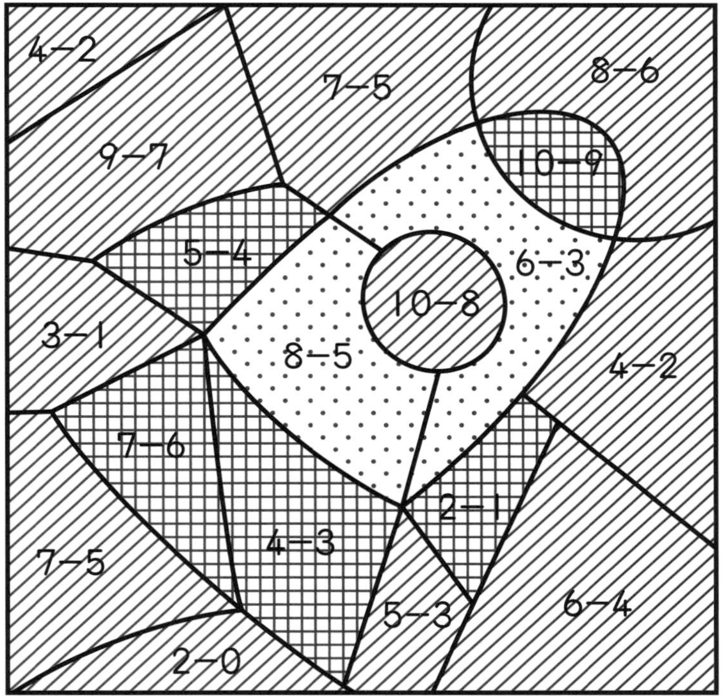

どんな えが
でてきたかな。

10 10より おおきい かず ①

20までの数を数える

なまえ

1 かずを すうじで かきましょう。 1つ5［50てん］

① 
（ 11 ）

② 
（ 12 ）

③ 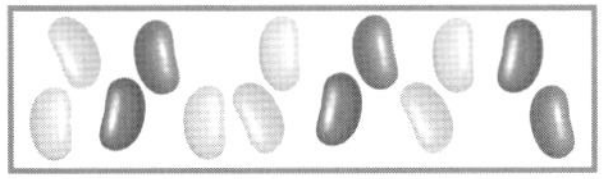
（ 13 ）

④ 
（ 14 ）

⑤ 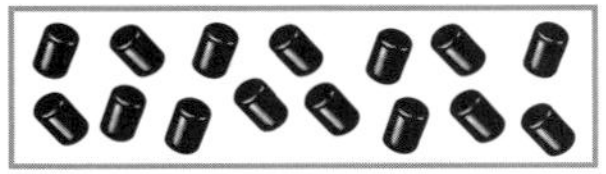
（ 15 ）

⑥ 
（ 16 ）

⑦ 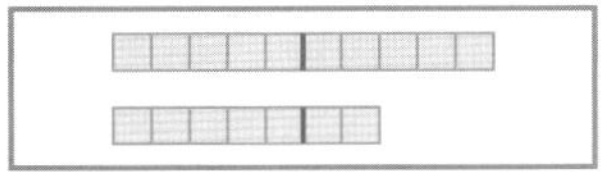
（ 17 ）

⑧ 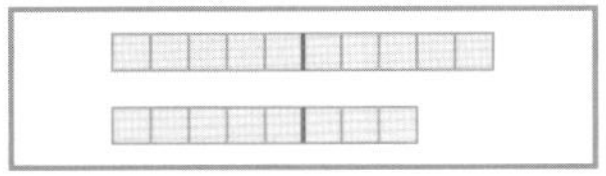
（ 18 ）

⑨ 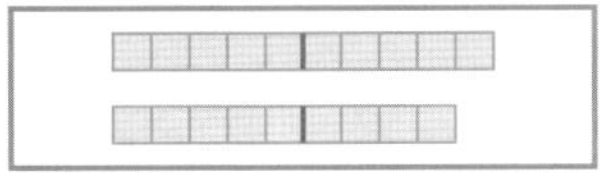
（ 19 ）

⑩ 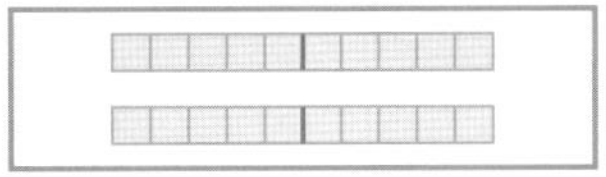
（ 20 ）

10 10より おおきい かず ①

2 かずを かぞえましょう。 1つ10［50てん］

① 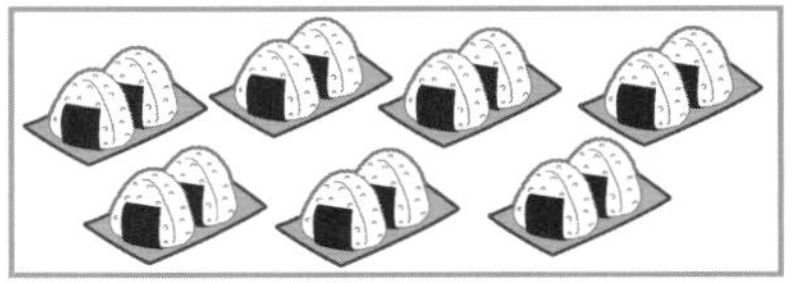
（ 14 ）

は いくつ あるかな？

② 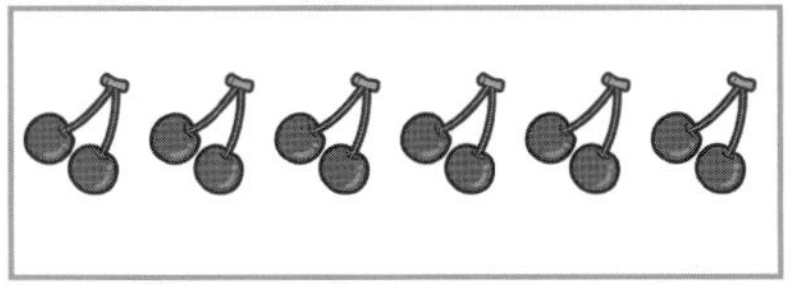
（ 12 ）

★2ずつ数えたり，5ずつ数えたりできるように導きましょう。

③ 

（ 15 ）

は いくつ あるかな？

④ 
（ 20 ）

⑤ 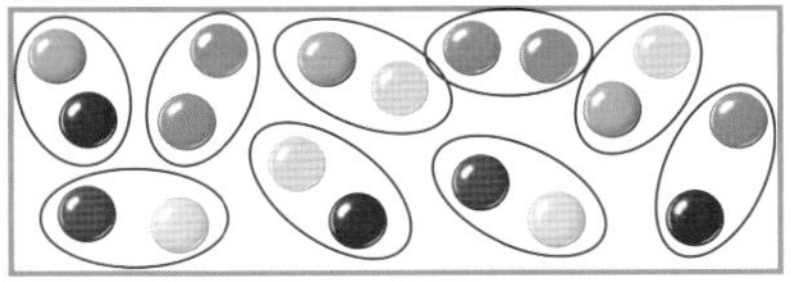
（ 18 ）

2つずつ
○で かこむと
かぞえやすいよ。

こたえ 66ページ

がつ にち てん

11 10より おおきい かず ②

数の分解，大きさ比べ，数の順，数の線

なまえ

1 ●を かぞえて，□に あう かずを かきましょう。 1つ5［20てん］

① 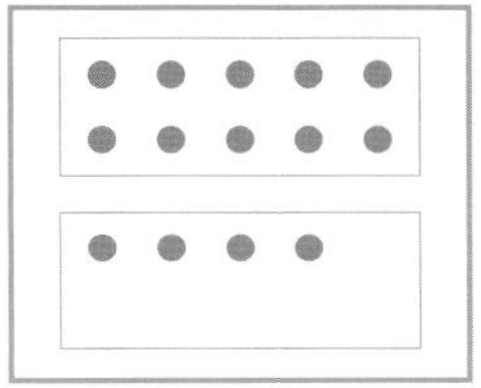

10と 4で 14

② 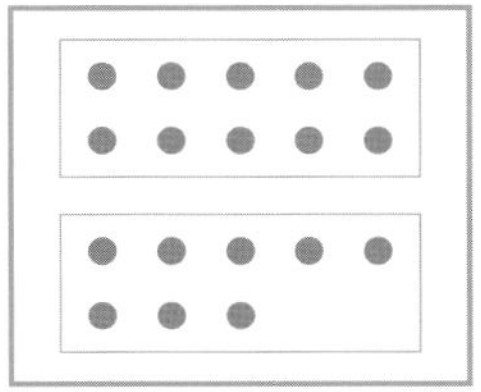

10と 8で 18

★「10といくつ」の考え方は，これから学ぶ大きな数の計算のもとになります。くり返し練習しましょう。

2 □に あう かずを かきましょう。 1つ10［30てん］

① 12 → 10，2

② 17 → 10，7

③ 15 → 10，5

11 10より おおきい かず ②

3 おおきい ほうに ○を つけましょう。 1つ5［10てん］

① ⑮ — 12

② 16 — ⑲

★わからないときは，**4**の数の線を見て，右にある数の方が大きいことを伝えてください。

4 つぎの かずを かきましょう。 1つ10［20てん］

① 11より 2 おおきい かず （ 13 ）

② 18より 4 ちいさい かず （ 14 ）

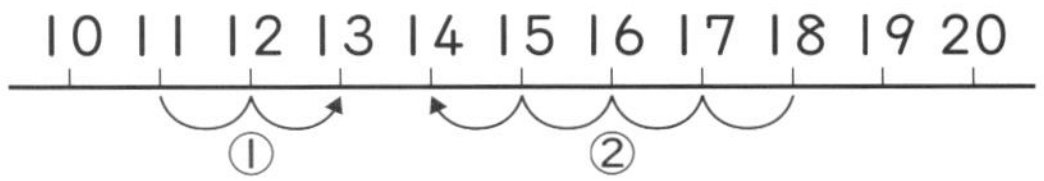
10 11 12 13 14 15 16 17 18 19 20
①
②

かずのせんを つかって かんがえよう！

5 ①，②に はいる かあどは どれですか。 1つ10［20てん］

15 — 16 — ① — 18 — 19 — ②

あ 7　い 17　う 10　え 20

① （ い ）

② （ え ）

こたえ 67ページ

がつ　にち　てん

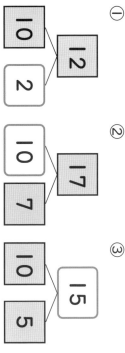

12 10より おおきい かずの けいさん

10より大きい数をふくむ，たし算やひき算

なまえ

1 けいさんを しましょう。

1つ5［50てん］

① 10 ＋ 2 ＝ 12

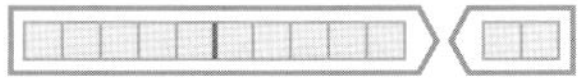

10と 2を
あわせた
かずは…。

② 10 ＋ 5 ＝ 15　③ 10 ＋ 7 ＝ 17

④ 10 ＋ 8 ＝ 18　⑤ 10 ＋ 1 ＝ 11

⑥ 13 − 3 ＝ 10

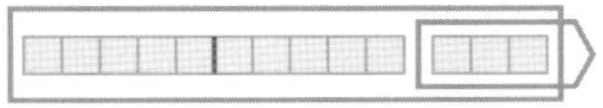

13から
3を とった
かずは…。

⑦ 16 − 6 ＝ 10　⑧ 14 − 4 ＝ 10

⑨ 19 − 9 ＝ 10　⑩ 15 − 5 ＝ 10

12 10より おおきい かずの けいさん

2 けいさんを しましょう。

1つ5［50てん］

① 12 ＋ 4 ＝ 16

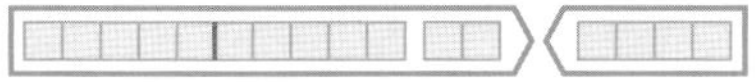

10は
そのままで
2と 4を
たすと…。

② 11 ＋ 6 ＝ 17　③ 14 ＋ 1 ＝ 15

④ 17 ＋ 2 ＝ 19　⑤ 13 ＋ 5 ＝ 18

⑥ 15 − 4 ＝ 11

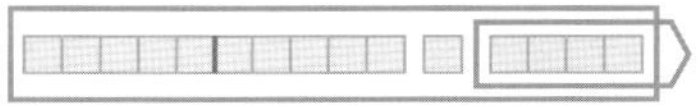

15は 10と
5だから，
5から 4を
ひいて…。

⑦ 14 − 2 ＝ 12　⑧ 18 − 6 ＝ 12

⑨ 16 − 3 ＝ 13　⑩ 19 − 5 ＝ 14

こたえ 68ページ

がつ　にち　てん

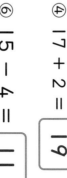

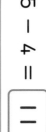

13 3つの かずの けいさん ①

■+■+■や■−■−■の計算

なまえ

1 なんわに なりましたか。 1つ5〔25てん〕

はじめに 4わ。2わ きました。

4 + 2

3わ きました。

4+2+ 3 = 9

（4+2 → 6）

1つの しきに できるね。

こたえ 9 わ

2 なんさつに なりましたか。 1つ5〔25てん〕

はじめに 2さつ。

3さつ かりました。

1さつ かりました。

しき 2 + 3 + 1 = 6

（2+3 → 5）

まず，2+3=5を けいさんして，5を ちいさく めもしよう。

こたえ 6 さつ

13 3つの かずの けいさん ①

3 なんこに なりましたか。 1つ5〔25てん〕

はじめに 8こ。3こ あげました。

8 − 3

2こ あげました。

8−3− 2 = 3

（8−3 → 5）

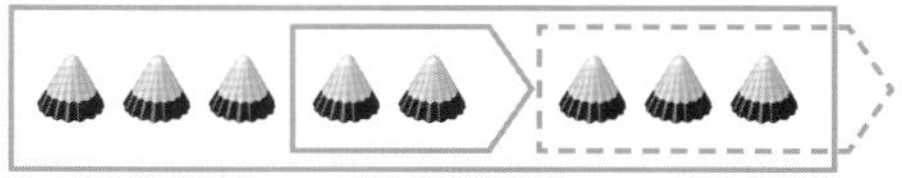

★3つの数の計算は，前から順に計算していきます。

こたえ 3 こ

4 なんこに なりましたか。 1つ5〔25てん〕

はじめに 6こ。

1こ うれました。

その あと 4こ うれました。

しき 6 − 1 − 4 = 1

まえから けいさんするよ。

こたえ 1 こ

こたえ 69ページ

がつ にち

てん

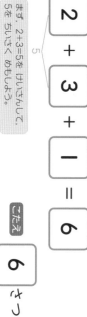

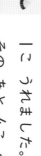

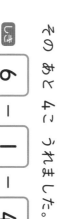

14 3つの かずの けいさん ②

■−■+■や■+■−■の計算

なまえ

1 なんこに なりましたか。 1つ5［25てん］

はじめに 5こ。2こ たべました。 5 − 2

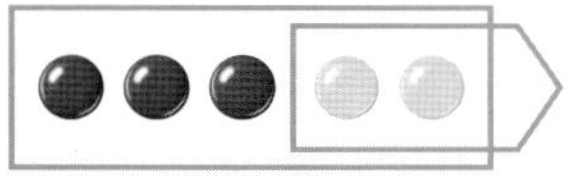

1こ もらいました。 5−2+ 1 = 4

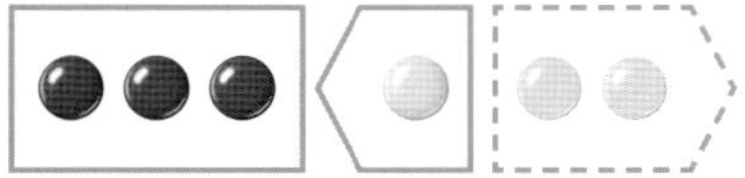

「+」と 「−」でも 1つの しきに できるね。

こたえ 4 こ

2 なんだいに なりましたか。 1つ5［25てん］

はじめに 7だい。

5だい でました。

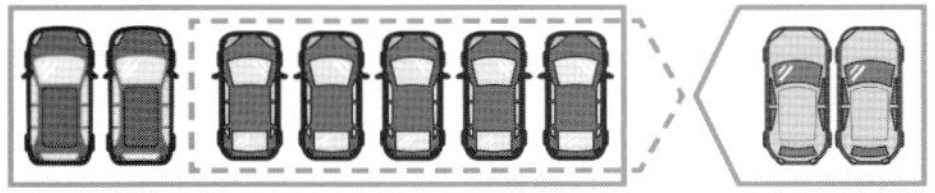

その あと 2だい きました。

しき 7 − 5 + 2 = 4

まず，7−5を けいさんして…。

こたえ 4 だい

14 3つの かずの けいさん ②

3 なんにんに なりましたか。 1つ5［25てん］

はじめに 4にん。5にん きました。

4 + 5

3にん かえりました。 4+5− 3 = 6

こたえ 6 にん

4 なんまいに なりましたか。 1つ5［25てん］

はじめに 3まい。

4まい かいました。

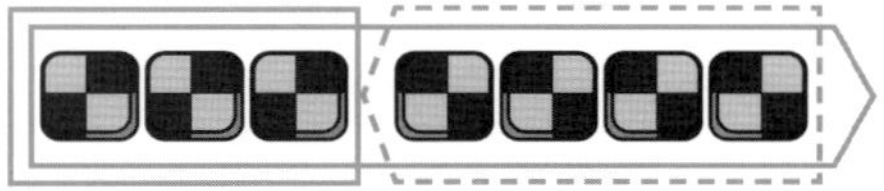

その あと 7まい たべました。

しき 3 + 4 − 7 = 0

まえから じゅんに けいさんしよう。

こたえ 0 まい

こたえ 70ページ

がつ にち てん

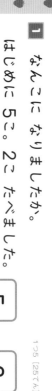

15 たしざん ①

くり上がりのあるたし算

なまえ

1 9+3の けいさんを しましょう。 1つ5 [30てん]

9は あと [1] で 10だね。

3を 1と [2] に わけてみよう。

9に 1を たすと [10] だよ。

10と 2で こたえは [12] だね。

★くり上がりのあるたし算はつまずきやすいところです。考え方の手順を声に出しながら解いて、問題に慣れましょう。

ふたりの かんがえを まとめましょう。

□に かずを かこう。

9 + 3 = [12]
10 1 [2]

このやりかたで つぎの ぺえじの けいさんを しよう！

15 たしざん ①

2 けいさんを しましょう。 1つ6 [54てん]

① 8 + 5 = [13]
10 [2] [3]

8は あと 2で 10に なる。
5を 2と 3に わける。
8に 2を たして 10。
10に 3を たすと…。

② 7 + 4 = [11]
10 [3] [1]

③ 6 + 6 = [12]
10 [4] [2]

3 けいさんを しましょう。 1つ8 [16てん]

① 9 + 5 = [14]
10 1 4

② 8 + 3 = [11]
10 2 1

2と おなじように じぶんで かいてみよう！

こたえ 71ページ

がつ にち てん

16 たしざん ②

くり上がりのあるたし算

なまえ

1 けいさんを しましょう。　1つ7［70てん］

① 5 + 7 = 12
10　5　2

② 3 + 8 = 11
10　7　1

③ 2 + 9 = 11
10　8　1

④ 7 + 7 = 14
10　3　4

⑤ 8 + 4 = 12
10　2　2

⑥ 4 + 9 = 13
10　6　3

⑦ 6 + 8 = 14
10　4　4

⑧ 8 + 7 = 15
10　2　5

⑨ 7 + 6 = 13
10　3　3

⑩ 9 + 9 = 18
10　1　8

★「いくつといくつで10になるか」が大切です。「10は1といくつ？」などと聞き，すぐに答えられるように練習しましょう。

小学1年　けいさん　39

16 たしざん ②

2 3+9の けいさんを しましょう。　1つ6［30てん］

まえの かずを わけても けいさんできるかな。

3を 2と 1 に わけてみよう。

9に 1を たすと 10 だよ。

10と 2で こたえは 12 だね。

★このように，前の数を分解して計算する方法もあります。後ろの数が7，8，9のように大きな数の場合には計算しやすいです。

ふたりの かんがえを まとめましょう。

まえの かずを わけても けいさん できるね！

3 + 9 = 12
2　1　10

やりやすい ほうほうで けいさん すれば いいよ！

こたえ 72ページ　　がつ　にち　　てん

40 小学1年　けいさん

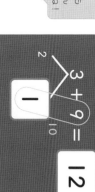

17 ひきざん ①

くり下がりのあるひき算

なまえ

1 12−7の けいさんを しましょう。 1つ6［30てん］

2から 7は ひけないから…。

12を 10と **2** に わけてみよう。

10から 7を ひくと **3** だよ。

3と 2で こたえは **5** だね。

★くり上がりの あるたし算と 同じように，つまずきやすいところです。くり返し練習しましょう。

ふたりの かんがえを まとめましょう。

12 − 7 = **5**

10　**2**

10−7　3

まず 10と いくつかに わけるんだね。

17 ひきざん ①

2 けいさんを しましょう。 1つ6［54てん］

16を 10と 6に わけて，10から 7を とると…。

① 16 − 7 = **9**

10　**6**

3 ←10−7

② 11 − 2 = **9**

10　**1**

8

③ 15 − 9 = **6**

10　**5**

1

3 けいさんを しましょう。 1つ8［16てん］

① 14 − 8 = **6**

10　4

2

② 17 − 9 = **8**

10　7

1

2のように かいてみよう。

こたえ 73ページ

がつ　にち　てん

18 ひきざん ②

くり下がりのあるひき算

なまえ

1 けいさんを しましょう。　1つ7［70てん］

① 11 − 7 = **4**
10 1
3

まず 11を 10と いくつかに わけよう。

② 12 − 3 = **9**
10 2
7

③ 13 − 6 = **7**
10 3
4

④ 15 − 6 = **9**
10 5
4

⑤ 16 − 8 = **8**
10 6
2

⑥ 14 − 6 = **8**
10 4
4

⑦ 12 − 9 = **3**
10 2
1

⑧ 17 − 8 = **9**
10 7
2

⑨ 18 − 9 = **9**
10 8
1

⑩ 13 − 7 = **6**
10 3
3

★つまずきやすいところです。まず「10といくつか」にわけることを伝えましょう。

18 ひきざん ②

2 13−5の けいさんを しましょう。　1つ6［30てん］

5を 3と **2** に わけてみよう。

はじめに 13から ばらの 3を ひくと

10 だよ。

つぎに 10から のこりの 2を ひくと，

こたえは **8** だね。

ふたりの かんがえを まとめましょう。

うしろの かずを わけても いいね。

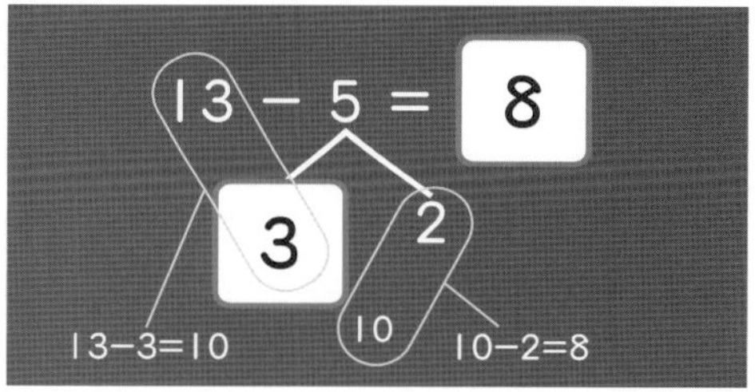

この ほうほうで まえの ぺえじの けいさんを してみよう。

こたえ 74ページ

がつ　にち　てん

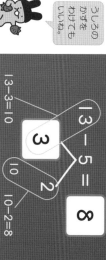

19 おおきい かず ①

一の位と十の位，百

なまえ

1 かずを すうじで かきましょう。　1つ5［30てん］

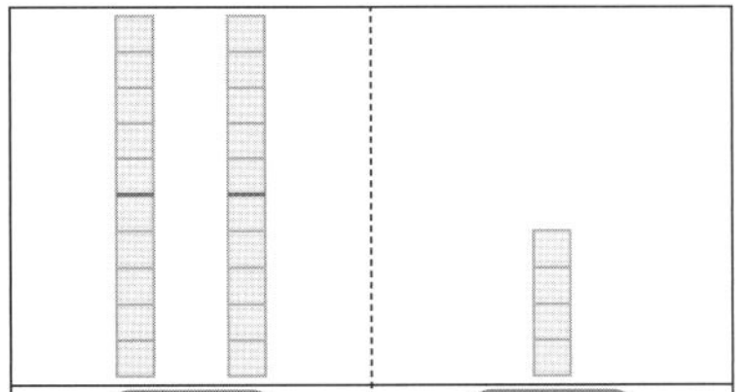

十《じゅう》のくらい	一《いち》のくらい
2	4

24

10が 2 つと

1が 4 つで，

24

□の なかに すうじを いれよう。

2 かずを かぞえましょう。　1つ10［20てん］

① 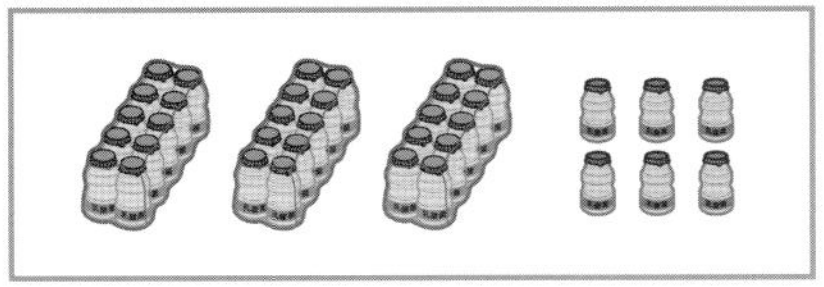

★10ずつのまとまりで考えます。「10が3つと1が6つで36だね」と伝えましょう。

（ 36 ）

② 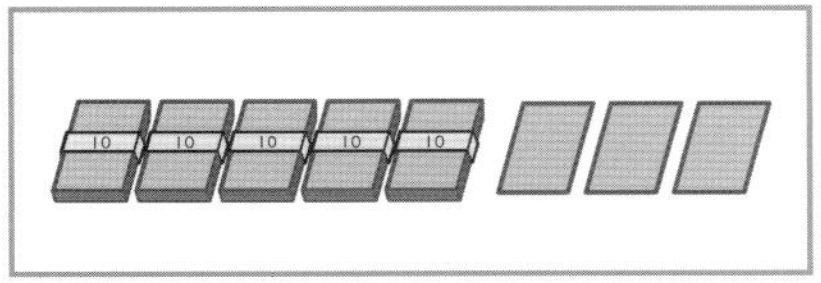

（ 53 ）

19 おおきい かず ①

3 □に あう かずや ことばを かきましょう。　1つ10［40てん］

10が 10 こで 百《ひゃく》 と いうよ。

百は すうじで 100 と かくよ。

100は 99より 1 おおきい かずだね。

4 かくれて いる かずを かきましょう。　1つ5［10てん］

70	71	72	73	74	75	76	77	78	79
80	81	①	83	84	85	86	87	88	89
90	91	92	93	94	95	96	②	98	99
100									

①（ 82 ）　②（ 97 ）

こたえ 75ページ

がつ　にち　てん

20 おおきい かず ②

大きさ比べ，数の順，数の分解，数の線

なまえ

1 おおきい ほうに ○を つけましょう。 1つ5［10てん］

① 69 — (96)　　② (80) — 78

2 □に あう かずを かきましょう。 1つ5［20てん］

① 47 — 48 — 49 — 50 — 51

② 60 — 70 — 80 — 90 — 100

いくつずつ おおきく なって いるかな。

3 □に あう かずを かきましょう。 1つ5［20てん］

① 82の 十《じゅう》のくらいの すうじは 8，

一《いち》のくらいの すうじは 2

② 54は，10が 5 こと 1が 4 こ

20 おおきい かず ②

4 かずを かぞえましょう。 1つ10［20てん］

①

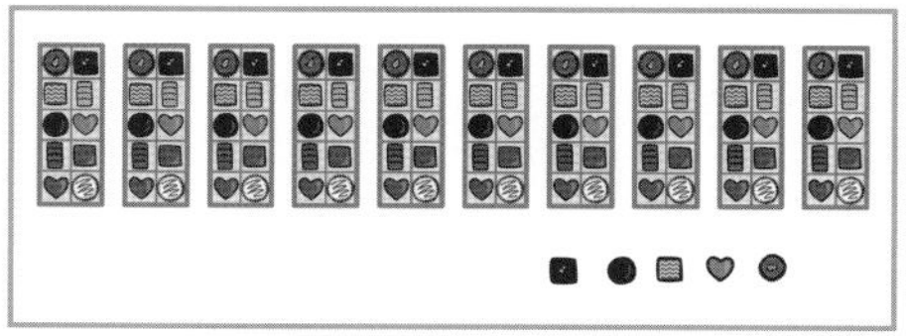

★10のまとまりに着目します。10が10こで100です。

（ 105 ）

②

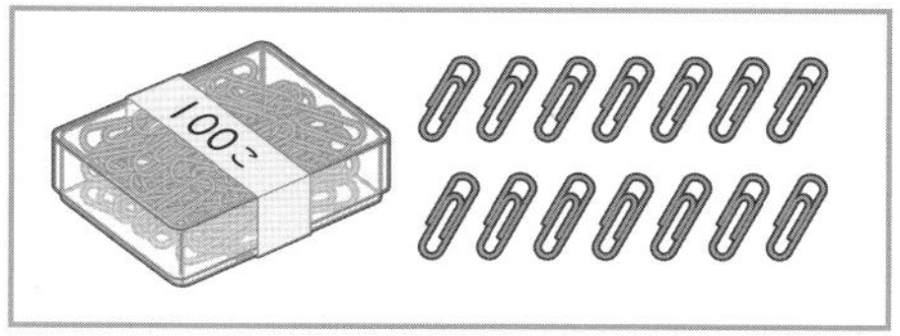

（ 114 ）

5 □に あう かずを かきましょう。 1つ5［10てん］

97 — 98 — 99 — 100 — 101 — 102

6 めもりが あらわす かずを かきましょう。 1つ10［20てん］

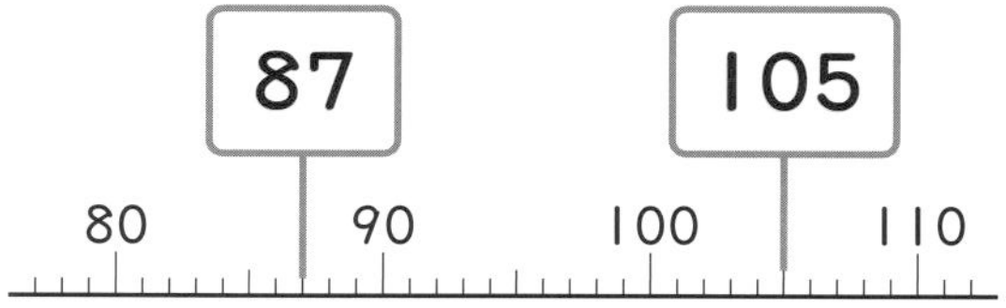

こたえ 76ページ

がつ　にち　てん

21 おおきい かずの けいさん

20より大きい数の計算

なまえ

1 けいさんを しましょう。　1つ5［50てん］

① 30+5＝ 35

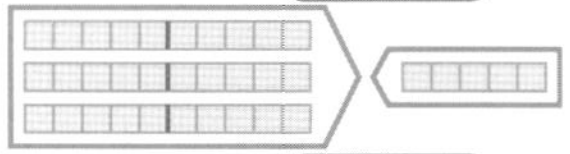

② 50+8＝ 58

③ 80+2＝ 82

④ 23−3＝ 20

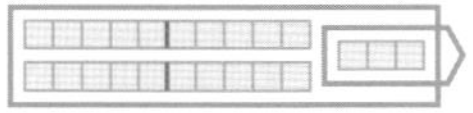

⑤ 69−9＝ 60

⑥ 76−6＝ 70

⑦ 43+4＝ 47

⑧ 61+5＝ 66

⑨ 28−7＝ 21

⑩ 95−2＝ 93

★10のまとまりとばらの数で考えるように伝えましょう。

小学1年　けいさん　51

21 おおきい かずの けいさん

2 けいさんを しましょう。　1つ5［50てん］

① 20+50＝ 70

② 30+60＝ 90

★10円玉を使って考えてもいいですね。

③ 10+90＝ 100

④ 50+50＝ 100

⑤ 80−20＝ 60

⑥ 70−40＝ 30

⑦ 60−60＝ 0

⑧ 100−20＝ 80

⑨ 100−30＝ 70

⑩ 100−60＝ 40

こたえ 77ページ

がつ　にち

てん

52　小学1年　けいさん

22 1ねんせいの まとめ

1年生の計算のまとめ

なまえ

1 けいさんを しましょう。 1つ5［50てん］

① 4+5＝ 9
➡p.9〜14

② 7−1＝ 6
➡p.15〜20

★間違えたところは前のページに戻って復習しましょう。

③ 0+8＝ 8
➡p.21〜22

④ 3−0＝ 3
➡p.21〜22

⑤ 10+3＝ 13
➡p.29

⑥ 17−7＝ 10
➡p.29

⑦ 15+2＝ 17
➡p.30

⑧ 14−1＝ 13
➡p.30

⑨ 1+3+6＝ 10
➡p.31

⑩ 9−6+2＝ 5
➡p.33

いままでに まなんだ たしざんや ひきざんだよ。できるかな？

22 1ねんせいの まとめ

2 けいさんを しましょう。 1つ5［50てん］

① 5+6＝ 11
➡p.37〜40

② 9+7＝ 16
➡p.37〜40

③ 8+8＝ 16
➡p.37〜40

④ 12−8＝ 4
➡p.41〜44

⑤ 11−4＝ 7
➡p.41〜44

⑥ 14−9＝ 5
➡p.41〜44

⑦ 73+3＝ 76
➡p.51

⑧ 38−6＝ 32
➡p.51

⑨ 40+30＝ 70
➡p.52

⑩ 100−50＝ 50
➡p.52

これで さいごだよ！
よく がんばったね！

こたえ 78ページ

がつ にち てん

チョコっと ひとやすみ

★こうさく★
のりと はさみで
つくってみよう！

ランチフラッグ

したの つくりかたを みながら つくってみよう。ごはんに たてると かわいいね。

APOLLO-CHAN
BLUE BERRY-KUN

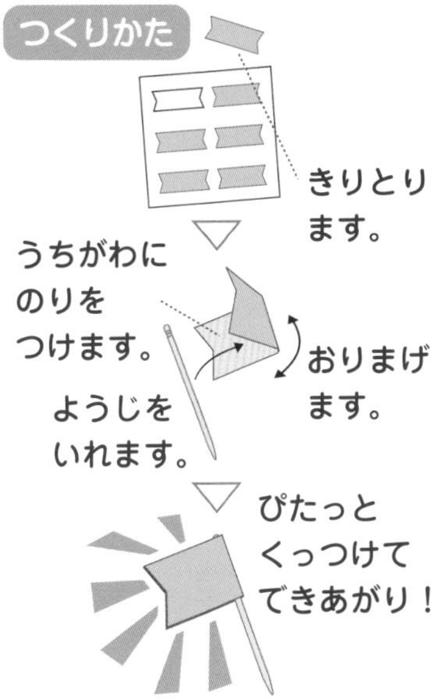
つくりかた
きりとります。
うちがわに のりを つけます。
おりまげます。
ようじを いれます。
ぴたっと くっつけて できあがり！

メッセージカード

プレゼントに はったり，あなを あけて リボンを とおしたり しよう。

HAPPY BIRTHDAY
For you
おめでとう！

はさみを つかう ときは，けがに きを つけよう！